信息科学技术学术著作丛书

复杂部分可观测系统
维修决策建模与优化技术

樊红东　胡昌华　王兆强　李思作　著

科 学 出 版 社

北 京

内 容 简 介

全书汇集了作者在寿命预测、维修决策方面的最新研究成果。第 1 章对维修决策建模与优化技术进行整体概述，重点对部分可观测系统的研究现状进行总结。第 2 章、第 3 章利用可观测 Markov 决策过程相关理论对维修效果不完美情形下部分可观测系统的最优维修问题进行研究。第 4 章、第 5 章针对失效模式相互影响、性能数据随机丢失等情形，研究如何利用性能退化数据进行剩余寿命预测、进行维修决策的问题。第 6 章研究维修决策和备件定购联合决策问题。第 7 章研究多部件系统的分组视情维修问题。

本书可作为从事维修决策建模与优化技术研究的工程技术人员的参考书，也可供控制科学与工程专业研究生学习。

图书在版编目（CIP）数据

复杂部分可观测系统维修决策建模与优化技术 / 樊红东等著. —北京：科学出版社，2023.11
（信息科学技术学术著作丛书）
ISBN 978-7-03-076984-8

Ⅰ. ①复… Ⅱ. ①樊… Ⅲ. ①计算机网络-网络分析 Ⅳ. ①TP393.021

中国国家版本馆 CIP 数据核字（2023）第 213270 号

责任编辑：张艳芬 魏英杰 / 责任校对：崔向琳
责任印制：吴兆东 / 封面设计：无极书装

科学出版社 出版
北京东黄城根北街 16 号
邮政编码：100717
http://www.sciencep.com
北京富资园科技发展有限公司印刷
科学出版社发行 各地新华书店经销
*
2023 年 11 月第 一 版 开本：720×1000 B5
2024 年 6 月第二次印刷 印张：11
字数：208 000
定价：98.00 元
（如有印装质量问题，我社负责调换）

"信息科学技术学术著作丛书"序

    21 世纪是信息科学技术发生深刻变革的时代，一场以网络科学、高性能计算和仿真、智能科学、计算思维为特征的信息科学革命正在兴起。信息科学技术正在逐步融入各个应用领域并与生物、纳米、认知等交织在一起，悄然改变着我们的生活方式。信息科学技术已经成为人类社会进步过程中发展最快、交叉渗透性最强、应用面最广的关键技术。

    如何进一步推动我国信息科学技术的研究与发展；如何将信息技术发展的新理论、新方法与研究成果转化为社会发展的推动力；如何抓住信息技术深刻发展变革的机遇，提升我国自主创新和可持续发展的能力？这些问题的解答都离不开我国科技工作者和工程技术人员的求索和艰辛付出。为这些科技工作者和工程技术人员提供一个良好的出版环境和平台，将这些科技成就迅速转化为智力成果，将对我国信息科学技术的发展起到重要的推动作用。

    "信息科学技术学术著作丛书"是科学出版社在广泛征求专家意见的基础上，经过长期考察、反复论证之后组织出版的。这套丛书旨在传播网络科学和未来网络技术，微电子、光电子和量子信息技术、超级计算机、软件和信息存储技术、数据知识化和基于知识处理的未来信息服务业、低成本信息化和用信息技术提升传统产业，智能与认知科学、生物信息学、社会信息学等前沿交叉科学，信息科学基础理论，信息安全等几个未来信息科学技术重点发展领域的优秀科研成果。丛书力争起点高、内容新、导向性强，具有一定的原创性，体现出科学出版社"高层次、高水平、高质量"的特色和"严肃、严密、严格"的优良作风。

    希望这套丛书的出版，能为我国信息科学技术的发展、创新和突破带来一些启迪和帮助。同时，欢迎广大读者提出好的建议，以促进和完善丛书的出版工作。

中国工程院院士

原中国科学院计算技术研究所所长

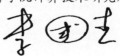

前　　言

复杂工业系统在使用过程中不可避免地会发生性能退化，这会导致系统可靠性与安全性降低，从而带来巨大的安全隐患。维修是保证此类系统可靠性和安全性处于满意水平的重要手段。然而，维修需要消耗大量的费用和时间。因此，以最小期望费用率、最大可用度等为目标，根据系统的失效率、寿命分布和性能退化数据等信息确定系统的最优维修策略是维修决策建模与优化领域的主要研究内容。

随着传感器技术的迅猛发展，基于性能监测数据的维修决策建模相关研究受到越来越多的重视。通常情况下，与设备运行状态相关的各类监测数据包含大量设备健康状态信息。利用监测数据进行维修决策时，有两方面需要重点关注。一方面是性能数据获取的代价问题，也就是用于维修决策的性能监测数据获取的费用高低、实施的难易程度，以及对设备的退化过程是否存在影响等；另一方面是获得监测信息的有效性问题，即监测数据反映设备退化状态的准确度问题。因此，有必要对退化状态在寿命周期内部分时间段或部分时刻不能被准确获知的一类复杂系统(即部分可观测系统)的维修决策建模与优化技术开展研究。

本书重点研究部分可观测系统的最优维修决策建模与优化问题，全书共分 7 章。第 1 章对维修决策建模与优化技术进行整体概述，重点对部分可观测系统的研究现状进行总结。第 2 章利用部分可观测 Markov 决策过程对维修次数有限情形下部分可观测系统的最优维修问题进行建模，分析与最优维修策略结构相关的一些关键性质，证明阈值型最优维修策略的存在性及其单调性。第 3 章重点研究维修效果对部分可观测系统最优维修策略的影响，给出维修效果不完美情形下部分可观测系统的最优维修策略。第 4 章在预测维修框架下研究如何利用性能退化数据来安排一类存在单向影响失效模式的复杂系统在未来一段时间内的预防性维修次数，以及维修实施的间隔。第 5 章研究监测数据在随机丢失情形下如何利用性能监测数据进行寿命预测及维修决策问题。第 6 章讨论含隐含退化过程动态系统的最佳替换和备件定购联合决策问题。第 7 章讨论随机环境影响下多部件系统的动态分组视情维修决策建模与优化问题。

　　本书相关的研究工作得到国家自然科学基金面上项目(61873273、61973046)的资助，在此表示真诚的感谢。

　　限于作者水平，书中难免存在不妥之处，恳请广大读者批评指正。

樊红东

2023 年 8 月

目　　录

第1章 绪 论

随着科技的发展，工业生产、国防军事等领域涉及的设备在越来越先进的同时，也变得越来越复杂。由于材料、结构特性的改变，以及运行过程中的磨损、外部冲击、负载、环境变化等因素的影响，系统性能会随使用时间的积累不可避免地发生退化[1-3]。某个微小部件的失效可能导致整个系统发生失效，从而带来巨大的人员和经济损失[1]。例如，1994年9月8日，美国一架波音737飞机由于飞机的方向舵发生非指令性偏斜在匹兹堡附近坠毁，造成131人遇难[2]。2005年，某公司双苯厂苯胺装置硝化单元的P-102塔发生堵塞造成重大爆炸事故，造成非常大的经济损失[3]。因此，合理安排维修计划来提高此类复杂系统的可靠性、可用性、安全性具有非常重要的意义。在最近几十年里，研究人员对可修系统维修决策建模与优化技术进行了广泛研究。

1.1 维修的发展与分类

根据《可靠性、维修性术语》(GB/T 3187—94)[4]，维修指"为保持或恢复产品处于能执行规定功能的状态所进行的所有技术和管理，包括监督的活动"。维修是维护与修理的简称[5]。维护是系统仍然正常工作情形下，为保持系统完好工作状态所采取的一切活动，包括清洗、擦拭、润滑涂油等。修理则是系统失效后采取的活动，如检测故障、排除故障、修理等。研究人员于20世纪就开始考虑这个问题，并提出大量的维护模型来解决不同系统的维护和修理问题。维护理念也从最初的修复性维修(corrective maintenance，CM)发展到现在的预防性维修(preventive maintenance，PM)。

直至今日，每年仍然有大量的与维护决策相关的研究文献，表明维护决策建模与优化仍然是当前的热点与难点[6-8]。

维修根据发生的时机可以分为修复性维修和预防性维修。

修复性维修，又称失效后维修，是 20 世纪 40 年代以前的主要维修方式，主要考虑系统发生失效后再对其实施修理。显然，这种维修是失效事件驱动的，曾使人们错误地认为事后维修是比较节约费用的一种维修方法。后来，人们才逐步认识到如果任由微小故障发展直至失效后再进行维修需要的费用相对于在失效前就安排相关维修操作需要的费用要多很多。系统一旦发生失效就需要立即对其维修，这会打断正常的生产计划，从而带来损失。由于当时并没有预测方法，管理人员根本无法知道何时发生失效，因此失效事件的发生具有突然性，使企业无法及时准备好维修所需要的材料、工具和维修人员等。这会在一定程度上加大失效导致的损失。事后维修存在的这些不足，促进了预防性维修策略的产生和发展。由于失效过程存在不确定性，在系统运行过程中，一般都会发生失效，因此后来发展起来的维修理论也将事后维修考虑到策略制定过程中。

预防性维修是指在系统仍然能正常工作的前提下，通过检查和检测发现故障征兆，并采用适当的维修操作消除将来可能发生的故障。根据维修决策利用的信息类型，可以进一步将维修方式分为计划性维修(scheduled maintenance，SM)和基于状态的维修(condition-based maintenance，CBM)。在基于状态的维修的基础上，预测维修(predictive maintenance，PdM)也逐步引起了研究人员的重视。

计划性维修是指管理人员依据基于失效时间数据统计而获得的失效率或寿命分布等特征量来安排维修活动。第二次世界大战发生后，物资和人员都发生了短缺。为了提高物资供应能力，自动化程度高的设备相继被投入应用。同时，战争的紧迫性就要求生产设备必须尽量少停机，因此对这些设备的维修就变得重要起来。由于传统的失效后维修是失效事件驱动的，只有当系统发生失效后才对其进行那些旨在恢复系统指定功能的维修操作。显而易见，这种维修方式已经不适应当时的需求。为了预防失效的发生，研究人员于 20 世纪 50 年代提出预防性维修思想[9]，即按预定的时间间隔或按规定的准则对系统实施维修操作，降低系统失效的概率或防止其功能退化。需要指出的是，预防性维修实际上是指单纯根据时间来安排维修，即基于时间的预防性维修(time-based PM，TBPM)，也称计划性维修。当时，我国从苏联引进了计划性维修制度，并将其应用于电力工业[10]。与失效后维修比较起来，这种维修方式的优点在于它能够通过一系列维修操作(检测、修理、替换、清洗、润滑等)达到提高系统可靠性、减少故障发生频率和提高生产率的目的。

然而，计划性维修的引入在提高设备可靠性与可用性的同时，也增加了企业的维修费用。据调查，美国企业在 1981 年花费了将近 6000 亿美元来维修其关键设备，而且这个数字在 20 年内翻了一番[11]；德国用于维修方面的费用占到其 GDP 的 13%～15%[12]；荷兰则占到其 GDP 的 14%[13]。具体到企业，其总支出的 15%～70%被用于生产设备的维修[14]。值得注意的是，维修费用中的三分之一在维修实施过程中被浪费[9]。这主要是下面一些原因造成的。首先，在实施计划性预防性维修时，主要是通过对同类型系统失效时间数据的统计分析来确定实施维修的间隔，而没有考虑系统运行时的实际性能状况，导致得到的维修间隔对同类型系统总体来说是最优的，但是具体到单个设备可能就不是最优的间隔。其次，一味地按照既定的时间间隔来实施维修，而不管系统的实际健康状态，容易造成大量不必要的维修，即不该维修时实施了维修；维修不足，需要维修时不进行维修，从而不能有效地避免失效的发生。此外，由于传统计划性维修是每隔一段时间对系统中的各个设备进行拆卸维修，而刚维修过的部件的失效率一般都比较高，累加后则会导致整个系统的失效率变得非常高[10]。据统计，1996 年我国的 100MW、125MW 和 200MW 火电机组由于维修不当造成非计划性停机和出力下降的比重分别占到 36%、31%

和 41%[10]。

　　得益于传感器技术的迅速发展，基于设备状态的维修又称视情维修，其逐渐引起研究人员的重视。视情维修本质上也属于预防性维修，但是该维修方式主要通过对与设备健康状态密切相关的一些指标(如温度、压力、油液中的金属含量等)进行监测和分析来评估当前系统的健康状态，并在此基础上做出最优的维修决策[10]。这种立足于系统运行时状态的维修方式可以大大提高维修的效率、减少不必要的维修、节省维修费用。目前，机械、电力和石化等生产制造领域及军事领域都已经广泛采用视情维修。据报道，为了实时监测武器装备的健康状况，美国陆军在 2004 年为"黑鹰"直升机装备了状态与使用监控系统[15]。

　　根据基于状态的维修中状态含义的不同，可以将视情维修进一步分为狭义的视情维修和广义的视情维修。我们将狭义的视情维修仍然称为视情维修。这类维修强调的是仅仅利用监测得到的即时结果来确定是否需要维修，以及安排什么样的维修方式。广义的视情维修，即预测维修，是指通过一种预测与状态管理系统提供出正确的时间对正确的原因采取正确的措施的有关信息，可以在机件使用过程中安全地确定退化机件的剩余寿命，清晰地指示何时进行维修，并自动提供使任何正在产生性能或安全极限退化的事件恢复正常所需的零部件清单和工具[5]。需要说明的是，目前关于预测维修的定义比较混乱。很多文献将基于状态的维修或 on condition maintenance 等同为预测维修[6,10]。陈学楚[5]将 PdM 翻译为预知维修或预兆维修，将预测维修被翻译为 prognostic maintenance。从字面上看，预知维修与预测维修差别似乎并不大。可以看出，在视情维修的基础上，出现一种新的被文献[5]称为预测维修的维修方式。有些文献结合基于状态的维修与 PdM 的字面意思，便不再认为基于状态的维修与 PdM 表示同一种维修方式，同时将 PdM 翻译为预测维修。

　　维护分类及发展趋势如图 1.1 所示。

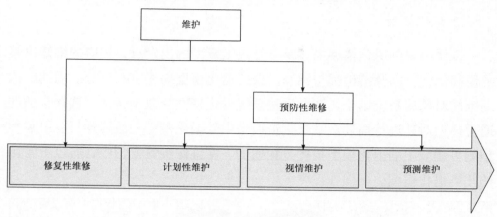

图 1.1　维护分类及发展趋势

1.2　维修决策相关要素

维修策略优化技术的核心在于维修建模和优化技术(即维修决策模型)。在对某类系统进行维修决策建模和优化时，首先应从维修决策的角度明确其系统结构；其次应用恰当的数学建模理论，对组成系统的各单元设备的故障或者劣化过程，以及主要的维修工作进行建模；根据该系统采用的维修策略，考虑其维修决策优化目标，应用某类优化方法对维修决策变量(如定期计划维修时间间隔、系统检查时间间隔等)进行优化。通常可以应用解析法或蒙特卡罗仿真法建立维修决策变量和优化目标之间的关系，考虑的优化时间可以是无限或者有限的。维修策略优化技术的相关要素如图 1.2 所示。

1. 系统结构

根据系统中部件之间的拓扑关系、功能关系等，可以将系统分成多种不同的典型结构。常见的系统结构有单部件和多部件。其中多部件又可分为并联、串联、串并联、并串联、冗余系统、k-out-of-n 系统等。在目前的维修策略优化技术中，对单部件系统的研究最普遍，成果也最多，因为其更容易得到好的结果，但是对于多部件系统的研究，其正在逐步成为研究的热点。

2. 退化模型

维修对象的退化模型描述是维修决策模型的出发点，相应的维修决策建模和优化，以及结论都与维修对象的退化模型描述密不可分。因此，依据维修对象的系统结构，结合反映系统退化特性的数据特性，选择合适的退化模型对其进行描述。维修决策模型中的退化模型和故障预报、可靠性预测等领域中的退化模型描述是相通的。在维修决策模型中，有以下常用的几类退化模型。

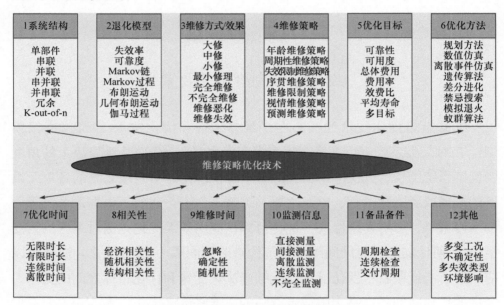

图 1.2　维修策略优化技术的相关要素

1) 失效时间分布模型

失效时间分布模型主要描述 0-1 退化元件，也就是只考虑运行和失效两种状态量的元件。该模型适合没有状态监测，但是存在失效时间数据的对象。常见的形式主要有失效率、失效时间分布、可靠度等。

2) 回归模型

回归模型主要利用回归分析方法对系统的性能退化过程进行建模，并在此基础上给出最优的维修策略。Wang[16]首先利用系数为随机变量且服从某个已知分布的回归模型刻画系统的退化轨迹，同时假设当系统退化值超过其维修阈值时就启动维修操作。然后，根据需要选择合适的目标函数，如损失费用、停机时间、系统可靠性等，并在此基础上提出一种视情维修模型并给出最优的维修阈值和检测时间间隔。Jardine 等[17]提出一种以威布尔(Weibull)分布为基准失效率函数，并用 Markov 过程来描述状态变化规律的比例故障率模型(proportional hazards model，PHM)，并在此基础上进行最优维修决策。这里采用的策略是系统发生失效后就将其立即替换；若没有发生失效，则在其失效率达到某个阈值时对其实施替换。Ghasemi 等[18]首先考虑监测信息带噪声时的视情维修问题，利用连续时间离散状态 Markov 过程刻画系统的真实状态变化规律，并认为该真实状态是未知的，只能通过观测信息来估计。然后，利用 PHM 在系统真实状态与失效率之间建立联系，并用来刻画系统的退化过程。最后，将问题转化为部分可观测 Markov 决策过程(partial observed Markov decision process，POMDP)，并通过动态规划方法进行求解。其他相关文献有[19]、[20]。虽然 PHM 利用系统运行状态数据，但通过模型得到的仍然是可靠性等统计信息。因此，基于 PHM 的视情维修常常用到传统的计划性维修策略，只不过将其中的可靠性等信息由通过历史失效时间数据的获得变为通过 PHM 获得。PHM需要事先给定基准失效率函数，而该失效率函数只与时间有关。此外，PHM也只用到当前时刻的状态信息，没有将历史信息全部用上。文献[21]指出系统的协变量变化是其失效率的变化导致的，并提出一种比例协变量模型(proportional covariates model，PCM)对系统的失效率进行估计。与 PHM 相比，PCM 不需要历史的失效数据。

3) 随机退化模型

随机退化模型主要利用随机过程描述系统的退化过程，在此基础上进行维修决策。常用的随机过程包括布朗运动、伽马过程、泊松过程等。这些随机退化过程作为一类特殊的随机过程，具有良好的数学性质。这使其在维修中被广泛应用[22]。目前，伽马随机过程的视情维修主要采用控制限准则(control limit rule，CLR)，即当系统的退化程度到达某个阈值时进行预防性维护，否则，让其继续运行。该阈值被称为预防性维修阈值。

文献[23]~[25]研究了用伽马过程刻画系统退化过程时的视情维修策略。在这几篇文献中，不但有预防性维修阈值，还有一个失效阈值。当系统的退化程度超过失效阈值时，则判定该系统失效，并立即采取替换操作。此外，状态检测时间间隔是不固定的，下一个检测时间由当前系统的退化状态决定。通过最小化单位时间内的期望维修费用或最大化可用性来确定最优的预防性维修阈值和下一次检测的时间。Liao 等[26]针对一类退化过程可以用伽马过程描述的系统，在维修不完美的情况下，提出一种基于状态的可用性限制策略，其中维修不完美体现在系统经过维修后，退化状态不会降到 0，而是一个服从正态分布的随机量。通过搜索算法找到最优的维修阈值。Monplaisir 等[27]首先用一个有 7 个离散状态的连续时间 Markov 过程来描述机车柴油引擎曲轴箱的退化过程，然后将该过程用于维修支持。针对受周期性监测的退化系统，Amari 等[28]首先将退化过程离散成多个状态，然后利用离散状态 Markov 链进行维修建模，最后通过最大化系统的可用性获得最优的预防维修阈值和检测频率。Chen 等[29]提出用半 Markov 决策过程(semi-Markov decision process，SDMP)对视情维修中的检测速率与维修类型的变化进行联合建模，首先给出优化方法，即将检测率作为 SMDP 的输入参数，然后针对每一种检测率，给出一种最优的视情维修策略。文献[30]~[33]针对多部件系统研究了基于随机退化模型的最优维修策略。

基于随机过程的视情维修在建模过程中首先将退化过程用随机过程来刻画，在此基础上建立相关目标函数，然后优化得到最优预防维修阈值。但是，在这些阈值被确定后，就不会随系统状态的变化而更新。同时，由于利用 Markov 过程对退化过程建模时，需要系统的真实退化过程具有 Markov 性，这就缩小了该方法的应用范围。此外，在对 Markov 过程进行建模时需要大量的历史数据来支持，因此在将 Markov 过程作为视情维修的基础前，需要做大量数据的收集与分析。

3. 维修效果

在实际维修实施过程中，其维修方式有多种，如大修、中修、最小修理等；反映到维修决策模型中，就需要对维修方式产生的效果进行维修效果建模。维修效果模型用来描述维修行为对设备状态的影响，根据已有的研究成果，把维修效果模型分为最小修理、完全维修、不完全维修、维修恶化、维修失效等。

1) 最小修理

最小修理仅使设备重新运行，对设备的健康状态没有任何影响。Nakagawa[34]基于失效率函数给出最小修理的定义，即假设在 t 时刻对设备实施维修，失效前设备的失效率函数为 $r(t)$，如果维修后设备的失效率函数仍为 $r(t)$，那么就把这种维修称为最小修理。简言之，最小修理不改变失效率函数。若用虚拟年龄表征设备的状态，最小维修意味着不改变设备的虚拟年龄。

2) 完全维修

设备经过完全或完美维修(perfect maintenance)后，恢复如新，达到最好的运行状态。在维修领域，完全维修等同于替换(replacement)。

3) 不完全维修

不完全维修(imperfect maintenance)的效果介于最小修理和完全维修之间，是一种常用的维修效果模型。不完全维修模型主要分为六类。

(1) 基于 (p,q) 规则的模型。

Nakagawa[35]引入基于 (p,q) 规则的维修效果模型，即维修后，系统以概率 p 恢复到最好状态，以概率 q 保持原有状态，$p+q=1$。因此，最小修理和完全维修是不完全维修的特例。

(2) 基于 $(p(t),q(t))$ 规则的模型。

Block[36]扩展了基于 (p,q) 的不完全维修模型，建立了基于 $(p(t),q(t))$ 规则的模型，即对失效的设备进行维修，以概率 $p(t)$ 进行完全维修，以概率 $q(t)=1-p(t)$ 进行最小维修，这里 t 为系统失效时的年龄。Makis 等[37]进一步扩展了 $(p(t),q(t))$ 不完全维修模型，即当系统失效时，进行完全维修的概率为 $p(n,t)$，进行最小维修的概率为 $q(n,t)$，维修不成功的概率为 $s(n,t)=1-p(n,t)-q(n,t)$，这里 n 为已维修的次数。

(3) 改善因子模型。

Malik[38]提出改善因子的概念，认为维修会减小设备失效率，但并不总是使设备修复如新。这种改善因子模型使维修后的失效率函数介于全新设备和失效前设备的失效率函数之间。Lugtigheid 等[39]把维修次数作为影响失效率的一个因素。Chan 等[40]提出两种失效率下降模型：维修后，失效率下降的程度是固定的；维修后，按一定比例减小失效率。

(4) 虚拟年龄模型。

Kijima 等[41]基于虚拟年龄的概念提出一种不完全维修模型，即如果在 $i-1$ 次维修后设备的虚拟年龄是 X_{i-1}，那么第 i 次维修后设备的虚拟年龄变为 $X_i = X_{i-1} + bY_i$，这里 Y_i 为 $(i-1)$ 次维修和 i 次维修之间的运行时间。$b=0$ 意味着完全维修，$b=1$ 意味着最小修理。Kijima[42]扩展了以上模型，认为 b 是一个随机变量。

(5) 伤害水平模型。

很多研究认为，设备的失效时间是由伤害水平确定的，即当设备受到的伤害首次达到设定的阈值时，设备发生失效。考虑一个受到随机冲击的设备，$t=0$ 时，伤害水平为 0。冲击发生时，设备受到一个非负的随机伤害，冲击伤害是累加的，当累加的伤害首次达到阈值时，设备被认为失效。Kijima 等[43]提出针对这种伤害水平模型的不完全预防维修，即每次预防维修都以 b 的比例降低系统的伤害水平，$0 \leqslant b \leqslant 1$，$b=0$ 是完全维修，$b=1$ 是最小维修。Kijima 等[44]认为，b 和维修次数相关，即在 i 次预防维修前，系统的伤害水平为 D_i，在 i 次预防维修后，系统的伤害水平变为 $b_i D_i$。Qian 等[45]利用伤害水平模型研究常规火电站的最优预防维修问题。

(6) 混合失效率模型。

Lin 等[46]综合改善因子模型和虚拟年龄模型提出混合失效率模型 (hybrid imperfect maintenance，HIM)。令维修前设备的失效率函数为 $r(t)$，则维修后设备的失效率函数变为 $ar(by+t)$，其中 y 是维修前设备的有效年龄。目前，基于 HIM 模型的维修策略在研究中得到了广泛应用。

4) 维修恶化和维修失效

维修恶化是指维修使设备的失效率和有效年龄增加，但是并不会使设备失效。维修失效是指维修并没有改善设备的状况，反而使设备失效。这两种在研究过程中使用较少，原因在于不好量化。

4. 维修策略

维修策略是维修决策模型的核心，主要研究如何合理安排各种维修活动，包括计划性维修、视情维修两大类。文献[47]对这两大类情形下的维修策略进行了详细论述。

5. 优化目标

维修决策模型的优化目标是一个非常重要的量，既是量化维修决策好坏的指标，也是执行维修决策的前提。维修目标依据决策者或者管理者关心的目标进行选择。常见的维修目标主要有以下 7 点。

(1) 可靠性(reliability)：主要是设备可靠性和任务可靠性两类，分别反映装备能否完成规定的功能和任务。

(2) 可用度(availability)：描述设备使用率的量。

(3) 总体费用(cost)：整个维修过程中的费用消耗。

(4) 费用率(cost rate)：单位时间内的费用。

(5) 效费比(cost effectiveness)：费用和效果之间的比值。

(6) 平均寿命(expected lifetime)：装备能够使用的寿命时长。时间的计算可以依据日历时间，也可依据使用时间。

(7) 多目标(multiple objectives)：前面 6 种目标的组合，主要用来平衡多种指标，达到多目标意义下的最优。

6. 优化方法

根据维修决策模型特点选择不同的优化方法，并通过优化分析提供相应的启发式信息，建立起寻找决策量最优解的优化方法。目前常见的优化方法主要有以下 3 种。

1) 规划方法

规划方法通过优化分析可以解析地给出最优解的计算表达式，也可以转化为一些标准的规划模型(线性规划、动态规划、二次规划等)，通过成熟的优化方法进行计算。该方法适用于简单的维修决策模型。

2) 完全数值方法

完全数值方法直接通过一些数值仿真或者离散事件仿真进行计算。该方法适用于复杂且没有解析性质的维修决策模型。

3) 带有启发式的数值方法

带有启发式的数值方法通过一定的启发式信息减少数值搜索的范围，结合一些智能优化方法(遗传算法、差分进化、禁忌搜索、模拟退火、蚁群算法等)进行改进，提高算法的效率。该方法适用于复杂的，具有一定解析性质的维修决策模型，也是最常用的一类优化方法。

7. 优化时间

1) 优化时间长度

优化时间可以分为无限时长和有限时长。这关系到目标函数的计算范围，会导致不同的建模和优化方法。对于无限时长，通常使用更新定理将无限时长下的目标函数等价到一个更新周期内中，从而大大简化建模工作，降低优化难度。因此它是目前常用的一种手段。对于有限时长，更新定理不再适用。在这种情况下，通常的处理手段有两类，一类是维修次数是确定已知的，且维修活动是周期进行的，通过总时长除以次数，对每一段分别进行建模，最后通过组合优化手段进行优化分析；另一类是更常用的，即动态规划方法，将问题划归到动态规划框架下进行优化求解，此时一般要求系统具有很强的 Markov 性。

2) 优化时间的连续性

优化时间可分为连续时间和离散时间。这关系到最终决策量的可行范围是连续的还是离散的，进而影响到维修决策是时时刻刻都在进行，还是仅在特定的离散点上开展。

8. 相关性

相关性主要针对多部件系统而言，因为部件与部件之间存在各种各样的相互影响关系，我们把这些影响关系统称为相关性。

1) 经济相关性

在维修一个部件的同时，若同时维修另外的部件，则会省下维修时的共同费用，这种在经济上存在的相关性称为经济相关性。例如，设备维修需要停机，而每次停机后再启动都需要一定的成本支出。

2) 随机相关性

一个设备的失效会影响另外一个部件，这种影响关系称为随机相关性。

3) 结构相关性

维修一个部件需要拆开另外一个部件。这种物理结构上的依存关系称为结构相关性。这种关系目前研究得还不多，而且与经济相关性也有一定的重合。

9. 维修时间

维修时间主要是指维修活动从开展到结束所需的时间。为了研究方便，一般情况下都将维修时间忽略，但也有很多研究将其看成是不可忽略的影响因素，并将其看成是确定性的或者是随机性的变量，尤其是对连续监测的系统。

10. 健康状态监测信息

健康状态监测信息主要考虑反映系统状态的信息能否直接测得。若这种信息是不能直接测得的，则相应的退化建模方法需要做出调整，选取那些间接测量的退化模型；若信息可以直接测量，则模型的选取会宽松很多。

另外，有时需要考虑系统状态信息的监测是否完美。不完美的监测数据不能完全反映设备的状态，例如监测的信息丢失以及监测中只包含部分的系统状态信息。

还有一个非常重要的因素，即测量是连续的还是离散的。这同样会影响退化模型的选择。

11. 备品备件

备品备件是维修决策中非常重要的因素，因为备件的有无将直接影响维修活动的实施。备件筹措在现有的文献研究中更多地被称为库存管理、备件管理。在市场竞争日益激烈的今天，快速响应市场需求是企业在竞争中生存与发展的根本保证，而快速响应用户不断变化的需求需要强有力的后勤保障与支持。备件是设备正常维修检修和应急处理的保障性物资，是保障设备处于良好状态的重要因素。企业在使用设备的过程中，为了保证设备的正常运转，需要制定维修计划，对备件的采购和储备进行决策。尤其是企业购买设备的昂贵部件时，经常同时以优惠价格买下备件，需要确定采购多少备件，保持什么样的备件库存水平，以便对备件储备进行正确决策。随着科学技术的发展与进步，设备越来越复杂，自动化程度不断提高。一方面，设备停机损失也越来越大，有时甚至是灾难性的，为了保证生产连续性，需要及时更换与维修备件，往往要求企业加大备件的储备量。另一方面，设备所需备件的品种和数量越来越多，购置、储备费用越来越高，备件的储备又占用企业大量流动资金，影响企业经济效益。很多企业都有这种经历，备件存储很多，有的很少使用，甚至不用，一旦维修时，没有所需的备件又要现场定购，供应商通常收取额外费用，使维修成本急剧升高。如何保障企业以最少的资金保证备件的及时供应，成为企业日益关注的课题。

从备件库存管理文献来看，最初备件的研究成果多来自军事和高科技领域，因为这些领域设备的备件价格高，停机损失大，停机后果严重。后来这些研究成果逐渐应用到民用，尤其是流程工业。目前，相当一部分维修策略优化模型假设备品备件是"取之不尽用之不竭"的，而且订购是不需要时间和经费的。实际上，这种情况比较少见，因此在进行维修决策建模时，有时也需要将备件定购问题一并考虑。

此外，还有其他很多因素，如多变工况、不确定性、多失效类型、环境影响等。随着维修决策技术的发展，还会有更多的因素需要被加入维修决策建模与优化过程中。

1.3 部分可观测系统维修决策建模与优化

视情维护主要通过对与设备健康状态密切相关的一些指标(如温度、压力、油液中的金属含量等)进行监测和分析来评估当前系统的健康状态，并在此基础上做出最优的维护决策。得益于传感器技术的迅速发展，视情维护得到研究人员持续的关注。目前，已经有很多学者对系统的维修决策进行了广泛研究[48-54]。Jardine 等[55]对 2006 年以前与视情维护相关的研究工作进行了总结和综述。在这些研究中，有相当一部分是以系统的退化规律服从 Markov 过程为前提，并且认为系统的退化状态可以通过观测直接获得[56-57]。这种系统是完全可观测系统。Kurt 等[57]研究了系统退化状态完全可观测情形下存在维修次数有限系统的最优维修问题。他们将问题转化成无限时间长度 Markov 决策过程，并推导最优策略的关键性质来降低计算复杂度，加快运算时间。

然而有些情况下，对系统实施监测的费用比较昂贵，因此不便对其进行连续监测。针对此种情形，维修决策主要研究是否进行监测、预防性维护(包括维修和替换)，还是不采取任何操作。Byon 等[50]将随机天气条件下风力涡轮机的最优维修策略问题转化成部分可观测 Markov 决策过程，通过最小化单位时间内期望维修费用获得最优维修策略的关键特性，并在此基础上设计最优维修决策算法，以决策是否进行监测、预防性维护，还是不采取任何操作。

实际中还存在一种情形，即可以对系统实施连续监测，但是获取的信息并不能严格准确地反映系统的退化状态，而是与真实的退化状态存在一定的随机关系[18]。针对此种情形的维修决策，主要研究是否进行预防性维护、维修，还是不采取任何措施。Maillart[58]分别针对监测信息完美与不完美两种情形下的最优维修策略进行研究。Maillart 首先推导监测信息完美情形下的最优维修策略的结构性质，然后利用这些性质设计监测信息不完美情形下的启发式最优维修决策算法。文献[59]研究了前面两种情形同时出现的情况，并且给出由三个控制限刻画的阈值型最优维修策略。

上述两种情形下的系统皆为部分可观测系统。实际上，部分可观测系统还存在一种特殊情形，即系统退化状态不能通过观测获取。例如，子系统或部件被安装在系统结构深处使其退化状态难以被直接观测得到。严格来讲，可以将该系统称为完全不可观测系统。针对该系统，文献[59]和[60]研究了维修次数有限和维修效果完美情形下的最优维修决策问题。然而，受维修资源或者维修工人水平等的限制，通常情况下维修并不能使系统修复如新，即维修效果通常不完美。

综上所述，在视情维护领域，有两个方面需要重点关注。一方面是性能数据获取的代价问题，也就是用于维护决策的性能监测数据获取的费用高低、实施的难易程度及对设备的退化过程是否存在影响等。若对系统实施监测的代价较大，则不宜对其进行周期性监测。另一方面是获得的监测信息的有效性问题，即监测数据反映设备退化状态的准确度问题。根据监测数据的有效性，可以将其分为三类，即没有监测数据、完美监测数据和不完美监测数据。其中，完美监测数据能够准确反映设备的性能退化状态，而不完美监测数据则是部分反映设备的退化状态，通常与真实状态存在一定的概率关系。根据这两个方面，考虑四类情形，即周期监测/完美信息、周期监测/不完美信息、非周期监测/完美信息、非周期监测/不完美信息。以上四类情形下的系统皆为部分可观测系统。部分可观测系统是指退化状态在寿命周期内部分时间段或部分时刻不能被准确获知的一类系统[61]。

1.3.1　周期监测/完美信息情形下维护决策研究现状

针对这种情形的研究通常将系统的退化过程用 Markov 过程进行刻画。

Derman[52]较早地在 Markov 决策过程框架下研究了退化规律服从离散时间离散状态 Markov 链这一类系统的最优替换问题,并证明在一定条件下最优替换策略为控制限规则。由于对系统进行了周期性监测,并且监测信息能够准确反映设备的退化状态,使此情形下的维护决策问题比较容易解决,因此相关研究并不多。后来的学者只是在 Derman 工作的基础上考虑维修次数有限[57]、受随机环境影响[62]等约束下的维护决策问题。文献[57]研究了系统退化状态完全可观测情形下存在维修次数有限系统的最优维修问题。他们将问题转化成无限时间长度 Markov 决策过程,并推导最优策略的关键性质来降低计算复杂度和减少算法运算时间。文献[62]研究了运行在可控环境中的部分可观测系统的最优替换问题,给出了最优策略为控制限替换策略的充分条件。

1.3.2 周期监测/不完美信息情形下维护决策研究现状

由于维护活动影响系统的退化过程,而这种影响又很难通过性能监测数据准确建模,因此维护后的退化模型不易建立。与这类情形相关的文献主要研究根据周期性监测得到的不完美信息确定不可修系统的最佳替换时机。针对该问题,目前主要有两种解决思路。一种是首先对性能退化过程进行建模,并利用不完美性能监测数据进行参数估计,然后在给定设备失效阈值的基础上获得设备剩余寿命分布进而建立以单位时间期望费用率最小为目标的函数,并进行优化求解以获得最佳替换时机[63-67]。鉴于这类文献研究的重点是剩余寿命预测方法,最佳替换时机决策只是其一种应用,因此周期监测/不完美信息情形下维护决策研究可以按照采用的寿命预测方法进一步分类。周东华等[68]和 Si 等[69]从不同角度对寿命预测方法进行综述,因此对基于寿命预测的设备最佳替换时机决策方法不再赘述。

另一种思路是在 Markov 决策过程框架下解决设备的最优替换问题[70-75]。文献[71]针对性能退化量按照指数规律增长的一类单部件不可修系统,首次将传感器测量信息得到的性能退化量预测分布与 Markov 决策过程结合起来考虑，证明最优替换策略为阈值型策略。针对退化缓慢的系统，Tang 等[72-73]利用年龄信息和监测信息的自回归模型进行退化建模，并进行剩余寿命估计，在对性能退化状态和监测信息进行离散化的基础上采用部分可观测半 Markov 决策过程(partially observed semi-Markov decision process, POSMDP)相关理论研究系统最优替换策略。Zhang 等[76]在 POSMDP 框架下研究了监测信息为连续变量、维护效果不完美、多种维护操作等情形下的最优维护问题。

近年来，一些学者开始重点关注如何利用监测信息进行维护效果建模，以及在此基础上进行设备最优维护[77-79]。Zhang 等[77]在假设系统退化过程可以用带漂移布朗运动描述的基础上，通过在漂移系数变化速率前乘以系数 b_i 对维护效果影响进行建模，进而进行维护决策。Wang 等[78]采用复合泊松过程对维护效果影响进行刻画，进而进行剩余寿命预测，并未涉及维护决策问题。裴洪等[79]考虑维护活动对设备退化量和退化率的双重影响，并在寿命预测信息的基础上以期望费用率最小为目标建立函数，获得最佳检测阈值和预防性维护阈值。

1.3.3 非周期监测/完美信息情形下维护决策研究现状

非周期监测/完美信息情形下维护决策主要研究何时对系统进行监测，以及如何根据监测信息进行最优维护决策，也就是监测和维护联合决策建模与优化问题[52,57,62-66]。Ross[80]比较早地对该问题进行了研究，他针对两状态系统，以期望折扣损失最小准则推导了最优策略为 AM4R (at-most-four-region)的条件。Rosenfield 推导出系统退化状态数量大于 2 的最优条件[81,82]。White 通过将此类情形的最优维护问题转化为部分可观测 Markov 决策过程(partially observed Markov decision process, POMDP)，并利用随机序相关知识推导得到与操作空间子集相对应的最优性结果[83-84]。Byon 等[50]将天气随机变化条件下风力涡轮机的最优维护策略问题转化成部分可观测 Markov 决策过程，通过最小化单位时间内期望维护费用获得最优维护策略的关键特性，并在此基础上设计最优维护决策算法，决策是否进行监测、预防性维护[39]。樊红东等[85]研究了维护效果不完美情形下，部分可观测系统的最优监测和维护策略。总的来说，这方面研究工作的主要思路是通过假设系统的退化规律服从 Markov 过程，将问题转化成无限时间长度 Markov 决策过程，并在不同的模型假设下推导最优策略的关键性质来降低计算复杂度和加快运算时间。

1.3.4 非周期监测/不完美信息情形下维护决策研究现状

非周期监测/不完美信息情形下的维护决策主要研究监测和维护联合决策建模与优化问题。Eckles[25]是较早研究这类问题的学者之一，他利用部分可观测 Markov 决策过程给出非周期监测/不完美信息情形下维护决策问题的一般描述，并利用数值方法对目标函数进行优化求解。Ehrenfeld[86]研究了离散退化状态数量 $m = 2$ 时的类似问题，认为可能存在使最优策略存在至多 3 个区域的条件。Lovejoy[87]利用似然比序得到最优函数存在单调性的充分条件。这些早期工作主要有两个特点：一个是利用离散状态离散时间 Markov 链描述设备退化过程，并且监测数据也是离散值；另一个是都未得到与最优策略结构相关的理论结果。Maillart[58]分别针对监测数据完美与不完美两种情形对非周期监测设备的最优维护策略进行研究，首先推导离散型监测数据完美情形下的最优维护策略的结构性质，然后利用这些性质设计连续型监测数据不完美情形下的启发式最优维护决策算法。文献[49]在 POMDP 框架下研究了前面两种情形同时出现的情况，并且给出由三个控制限刻画的阈值型最优维护策略。文献[49]与其他相关研究有三个主要不同点，一是利用连续时间离散状态 Markov 过程描述系统性能退化规律；二是可供选择的操作为不采取措施、实施监测和彻底检查，其中实施监测只能获得不完美与退化状态相关的不完美信息，彻底检查则能够准确确定退化状态，也就是同时存在完美和不完美监测信息；三是获得退化状态数量 $m = 3$ 时的结构特性。总的来说，监测信息不完美给维护决策带来一定的挑战，使相关研究工作较少，进展较慢。尤其是针对退化状态数

量 $m > 3$ 的设备，不能根据监测获得的不完美信息获得较理想的最优策略结构性质。

综上所述，目前针对部分可观测系统的维护决策研究较多，取得不少成果。但是，还存在一些实际问题尚未涉及。

现有文献大多只考虑性能监测的费用高、实施不便情形下的最优监测时机确定问题，很少考虑性能监测对退化过程存在影响情形下的最优维护问题。Wang 等[88]应用基于半随机滤波方法对惯性器件的实例研究，但关注的重点是剩余寿命预测。此外，监测数据缺失是网络化传输的常见问题[89-90]，但是监测数据缺失情形下的最优维护问题尚未见研究。传感器性能存在退化情形，在实际情况中时有发生，给部分可观测系统最优维护问题带来一定的困难和挑战。因此，传感器性能存在退化、监测数据缺失、性能监测对退化过程存在影响等复杂情形下的最优维护问题值得关注。

工程中有许多设备常常在多种工况下交替工作，现有维护决策建模与优化方法的相关文献鲜有涉及变工况情形。不同工作状态下设备所处的应力水平不同，导致其性能退化模式也不尽相同，维护决策结果也应有所差异。目前，学术界已经开始研究变工况下设备的剩余寿命预测方法，而且相关部委的文件也涉及复杂工业制造工程异常工况的智能预测与自愈控制，旨在解决复杂工业制造过程的优化决策问题。此外，大部分文献获得的维护策略都不能随着设备健康状态的变化而动态更新，而且那些考虑维护决策结果实时性的文献都局限于最优替换策略。因此，变工况下部分可观测系统实时最优预测维护问题亟待解决。

1.4 本 章 小 结

本章首先介绍了维修的定义、发展和常用的分类方法，然后对维修决策建模过程中需要考虑的主要因素进行了简要分析，最后按照采样周期/非周期、监测信息完美/非完美组合得到的四个方面重点对部分可观测系统的维修决策建模与优化技术进行综述，并指出进一步研究的方向。

参 考 文 献

[1] 周东华, 叶银忠. 现代故障诊断与容错控制[M]. 北京: 清华大学出版社, 2000.

[2] National Transportation Safety Board. Uncontrolled descent and collision with terrain, US Air flight 427, Boeing 737-300, N513AU, near aliquippa, pennsylvania, september, 1994: aircraft accident report, A850073[R]. Springfield: National Technical Information Service, 1999.

[3] 褚晓亮, 翟景耀. P-102 塔堵塞处理不当[EB/OL]. https://news.sina.com.cn/c/2005-11-14/084474 32154s.shtml[2023-08-20].

[4] 国家技术监督局. 可靠性、维修性术语: GB/T 3187—94[S]. 北京: 中国标准出版社, 1994.

[5] 陈学楚. 现代维修理论[M]. 北京: 国防工业出版社, 2003.

[6] Stephens M. Productivity and Reliability-Based Maintenance Management[M]. Indiana: Purdue University Press, 2004.

[7] Cai Y, Teunter R H, Bramde Jonge. A data-driven approach for condition-based maintenance optimization[J]. European Journal of Operational Research, 2023, 311(2): 730-738.

[8] Zhang F, Liao H, Shen J, et al. Optimal maintenance of a system with multiple deteriorating components served by dedicated teams[J].IEEE Transactions on Reliability, 2023, 72(3): 900-915.

[9] Heng A, Zhang S, Tan A, et al. Rotating machinery prognostics: state of the art, challenges and opportunities[J]. Mechanical Systems and Signal Processing, 2009, 23(3): 724-739.

[10] 王健. 电力市场环境下发电机组检修计划的研究[D]. 北京: 中国农业大学, 2004.

[11] Ferret, The basics opredictive/preventive maintenance[EB/OL]. http://www.ferret.com.au/articles/ad/0c0259ad.asp[2006-10-30].

[12] 张友诚. 德国企业中的设备管理与维修(上)[J]. 中国设备工程, 2001, (12): 50-52.

[13] Christer A. Developments in delay time analysis for modelling plant maintenance[J]. Journal of the Operational Research Society, 1999, 50(11): 1120-1137.

[14] Bevilacqua M, Braglia M. The analytic hierarchy process applied to maintenance strategy selection[J]. Reliability Engineering and System Safety, 2000, 70(1): 71-83.

[15] 状态监控系统将降低 "黑鹰" 直升机寿命周期费用[EB/OL]. https://mil.news.sina.com.cn/2004-09-02/1719223218.html[2004-09-02].

[16] Wang W. A model to determine the optimal critical level and the monitoring intervals in condition-based maintenance[J]. International Journal of Production Research, 2000, 38(6): 1425-1436.

[17] Jardine A, Makis V, Banjevic D, et al. A decision optimization model for condition-based maintenance[J]. Journal of Quality in Maintenance Engineering, 1998, 4(2): 115-121.

[18] Ghasemi A, Yacout S, Ouali M. Optimal condition-based maintenance with imperfect information and the proportional hazards model[J]. International Journal of Production Research, 2007, 45(4): 989-1012.

[19] Vlok P, Coetzee J, Banjevic D, et al. Optimal component replacement decisions using vibration monitoring and the proportional-hazards model[J]. The Journal of the Operational Research Society, 2002, 53(2): 193-202.

[20] Samrout M, Chatelet E, Kouta R, et al. Optimization of maintenance policy using the proportional hazard model[J]. Reliability Engineering and System Safety, 2009, 94(1): 44-52.

[21] Ma L, Mathew J, Sun Y, et al. Mechanical systems hazard estimation using condition monitoring[J]. Mechanical Systems and Signal Processing, 2006, 20(5): 1189-1201.

[22] van Noortwijk J M. A survey of the application of Gamma processes in maintenance[J].Reliability Engineering & System Safety, 2009, 94(1): 2-21.

[23] Grall A, Bérenguer C, Dieulle L. A condition-based maintenance policy for stochastically deteriorating systems[J]. Reliability Engineering and System Safety, 2002, 76(2): 167-180.

[24] Grall A, Dieulle L, Bérenguer C, et al. Continuous-time predictive maintenance scheduling for a deteriorating system[J]. IEEE Transactions on Reliability, 2002, 51(2): 141-150.

[25] Eckles J E. Optimum maintenance with incomplete information[J]. Operations Research, 1968, 16(5):1058-1067.

[26] Liao H, Elsayed E, Chan L. Maintenance of continuously monitored degrading systems[J]. European Journal of Operational Research, 2006, 175(2): 821-835.

[27] Monplaisir M, Arumugadasan N. Maintenance decision support: analysing crankcase lubricant condition by Markov process modelling[J]. The Journal of the Operational Research Society, 1994, 45(5): 509-518.

[28] Amari S, Mclaughlin L. Optimal design of a condition-based maintenance model[C]//Reliability and Maintainability, 2004 Annual Symposium-RAMS, New York, 2004: 528-533.

[29] Chen D, Trivedi K. Optimization for condition-based maintenance with semi-Markov decision process[J]. Reliability Engineering and System Safety, 2005, 90(1): 25-29.

[30] Wijnmalen D, Hontelez J. Coordinated condition-based repair strategies for components of a multi-component maintenance system with discounts[J]. European Journal of Operational Research, 1997, 98(1): 52-63.

[31] Glazebrook K, Mitchell H, Ansell P. Index policies for the maintenance of a collection of machines by a set of repairmen[J]. European Journal of Operational Research, 2005, 165(1): 267-284.

[32] Barata J, Soares C, Marseguerra M, et al. Simulation modelling of repairable multi-component deteriorating systems for"on condition"maintenance optimisation[J]. Reliability Engineering and System Safety, 2002, 76(3): 255-264.

[33] 王凌. 维护决策模型与方法的理论与应用研究[D]. 杭州: 浙江大学, 2006.

[34] Nakagawa T. Modified periodic replacement with minimal repair at failure[J]. IEEE Transactions on Reliability, 1981, 30(2): 165-168.

[35] Nakagawa T. Optimum policies when preventive maintenance is imperfect[J]. IEEE Transactions on Reliability, 1979, 28(4): 331-332.

[36] Block H W. Age dependent minimal repair[J]. Journal of Applied Probability, 1985, 22: 370-385.

[37] Makis V, Jardine A K S. Optimal replacement policy for a general model with imperfect repair[J]. Journal of the Operational Research Society, 1992, 43(2): 111-120.

[38] Malik M A K. Reliable preventive maintenance policy[J]. AIIE Transactions, 1979, 11(3): 221-228.

[39] Lugtigheid D, Jiang X, Jardine A K S. A finite horizon model for repairable systems with repair restrictions[J]. Journal of the Operational Research Society, 2008, 59: 1321-1331.

[40] Chan J K, Shaw L. Modeling repairable systems with failure rates that depend on age and maintenance[J]. IEEE Transactions on Reliability, 1993, 42(4):566-570.

[41] Kijima M, Morimura H, Suzuki Y. Periodical replacement problem without assuming minimal repair[J]. European Journal of Operational Research, 1988, 37(2): 194-203.

[42] Kijima M. Some results for repairable systems with general repair[J]. Journal of Applied Probability, 1989, 26(1): 89-102.

[43] Kijima M, Nakagawa T. Accumulative damage shock model with imperfect preventive maintenance[J]. Naval Research Logistics, 1991, 38(2): 145-156.

[44] Kijima M, Nakagawa T. Replacement policies of a shock model with imperfect preventive maintenance[J]. European Journal of Operational Research, 1992, 57(1): 100-110.

[45] Qian C H, Ito K, Nakagawa T. Optimal preventive maintenance policy for a shock model with given damage level[J]. Journal of Quality in Maintenance Engineering, 2005, 11(3):216-227.

[46] Lin D, Zuo M J, Yam R C M. General sequential imperfect preventive maintenance models[J]. International Journal of Reliability, Quality and Safety Engineering, 2000, 7(3):253-266.

[47] 胡昌华, 樊红东, 王兆强. 设备剩余寿命预测与最优维护决策[M]. 北京: 国防工业出版社, 2018.

[48] Ben-Daya M, Duffuaa S, Raouf A. Maintenance Modeling and Optimization[M]. Norwell: Kluwer Academic Publishers, 2000.

[49] Kim M J, Viliam M. Joint optimization of sampling and control of partially observable failing systems[J]. Operations Research, 2013, 61(3): 777-790.

[50] Byon E, Ntaimo L, Ding Y. Optimal maintenance strategies for wind turbine systems under stochastic weather conditions[J]. IEEE Transactions on Reliability, 2010, 59(2): 393-404.

[51] Castro I, Sanjuan E. An optimal repair policyfor systems with a limited number of repairs[J]. European Journal of Operational Research, 2008, 187: 84-97.

[52] Derman C. On optimal replacement rules when changes of state are Markovian[J]//Bellman R E. Mathematical Optimization Techniques. Berkeley: University of California Press, 1963: 201-210.

[53] Fan H, Hu C, Chen M, et al. Cooperative predictive maintenance of repairable systems with dependent failure modes and resource constraint[J]. IEEE Transactions on Reliability, 2011, 60(1): 144-157.

[54] Jiang Y P, Chen M Y, Zhou D H. Joint optimization of preventive maintenance and inventory policies for multi-unit systems subject to deteriorating spare part inventory[J]. Journal of Manufacturing Systems, 2015, 35: 191-205.

[55] Jardine A, Lin D, Banjevic D. A review on machinery diagnostics and prognostics implementing condition-based maintenance[J]. Mechanical Systems and Signal Processing, 2006, 20(7): 1483-1510.

[56] Kolesar P. Minimum cost replacement under Markovian deterioration[J]. Management Science, 1966, 12: 694-706.

[57] Kurt M, Kharoufeh J. Optimally maintaining a Markovian deteriorating system with limited

imperfect repairs[J]. European Journal of Operational Research, 2010, 205: 368-380.

[58] Maillart L. Maintenance policies for systems with condition monitoring and obvious failures[J]. IIE Transactions, 2006, 38: 463-475.

[59] Fan H D, Xu Z, Chen S W. Optimally maintaining a multi-state system with limited imperfect preventive repairs[J]. International Journal of the Systems Science, 2013, 82: 87-99.

[60] Chen M Y, Fan H D, Hu C H, et al. Maintaining partially observed systems with imperfect observation and resource constraint[J]. IEEE Transactions on Reliability, 2014, 63(4): 881-890.

[61] Maillart L. Optimal observation and preventive maintenance schedules for partially observed multi-state deterioration systems with obvious failures[D]. Michigan: University of Michigan, 2001.

[62] Kurt M, Kharoufeh J P. Monotone optimal replacement policies for a Markovian deteriorating system in a controllable environment[J]. Operations Research Letters, 2010, 38 (4): 273-279.

[63] Christer A, Wang W, Sharp J. A state space condition monitoring model for furnace erosion prediction and replacement[J]. European Journal of Operational Research, 1997, 101(1): 1-14.

[64] Lu S, Tu Y, Lu H. Predictive condition-based maintenance for continuously deteriorating systems[J]. Quality and Reliability Engineering International, 2007, 23(1): 71-81.

[65] Cadini F, Zio E, Avram D. Model-based Monte Carlo state estimation for condition-based component replacement[J]. Reliability Engineering and Systems Safety, 2009, 94(3): 752-758.

[66] Kaiser K, Gebraeel N. Predictive maintenance management using sensor-based degradation models[J]. IEEE Transactions on Systems, Man and Cybernetics, Part A: Systems and Humans, 2009, 39(4): 840-849.

[67] Elwany A, Gebraeel N. Sensor-driven prognostic models for equipment replacement and spare parts inventory[J]. IIE Transactions, 2008, 40(7): 629-639.

[68] 周东华, 徐正国. 工程系统的实时可靠性评估与预测技术[J]. 空间控制技术与应用, 2008, 34(4): 3-10.

[69] Si X, Wang W, Hu C, et al. Remaining useful life estimation-a review on the statistical data driven approaches[J]. European Journal of Operational Research, 2011, 213(1): 1-14.

[70] Makis V, Jiang X. Optimal replacement under partial observations[J]. Mathematics of Operations Research, 2003, 28(2): 382-394.

[71] Elwany A, Gebraeel N, Maillart L. Structured replacement policies for components with complex degradation processes and dedicated sensors[J]. Operations Research, 2011, 59(3): 684.

[72] Tang D, Makis V, Jafari L. Optimal maintenance policy and residual life estimation for a slowly degrading system subject to condition monitoring[J]. Reliability Engineering and System Safety, 2015, 134: 198-207.

[73] Tang D, Yu J, Chen X, et al. An optimal condition-based maintenance policy for a degrading system subject to the competing risks of soft and hard failure[J]. Computers & Industrial Engineering, 2015, 83: 100-110.

[74] Naderkhani Z G, Makis V. Optimal condition-based maintenance policy for a partially observable system with two sampling intervals[J]. International Journal of Advanced Manufacturing Technology, 2015, 78(5-8): 795-805.

[75] Curcurù G, Galante G, Lombardo A. A predictive maintenance policy with imperfect monitoring[J]. Reliability Engineering and System Safety, 2010, 95(9): 989-997.

[76] Zhang M M, Revie M. Continuous-observation partially observable Semi-Markov decision processes for machine maintenance[J]. IEEE Transactions on Reliability, 2017, 26: 64-77.

[77] Zhang M, Gaudoin O, Xie M. Degradation-based maintenance decision using stochastic filtering for systems under imperfect maintenance[J]. European Journal of Operational Research, 2015, 245(2): 531-541.

[78] Wang Z Q, Hu C H, Fan H D. Real-time remaining useful life prediction for a nonlinear degrading system in service: application to bearing data[J]. IEEE/ASME Transactions on Mechatronics, 2018, 23(1): 211-222.

[79] 裴洪, 胡昌华, 司小胜, 等. 不完美维护下基于剩余寿命预测信息的设备维护决策模型[J]. 自动化学报, 2018, 44(4): 719-729.

[80] Ross S M. Quality control under Markovian deterioration[J]. Management Science, 1971, 17(9): 587-596.

[81] Rosenfield D. Markovian deterioration with uncertain information[J]. Operations Research, 1976, 24(1): 141-155.

[82] Rosenfield D. Markovian deterioration with uncertain information-a more general model[J]. Naval Research Logistics Quarterly, 1976, 23: 389-405.

[83] White C C. Optimal inspection and repair of a production process subject to deterioration[J]. Journal of the Operational Research Society, 1978, 29(3): 35-243.

[84] White C C. A Markov quality control process subject to partial observation[J]. Management Science, 1977, 23(8): 843-852.

[85] 樊红东, 周志杰, 杨威. 不完美维修情形下部分可观测系统的最优维修策略[J]. 上海应用技术学院学报(自然科学版), 2015, 15(2): 102-106.

[86] Ehrenfeld S. On a sequential Markovian decision procedure with incomplete information[J]. Computers & Operations Research, 1976, 3: 39-48.

[87] Lovejoy W S. Some monotonicity results for partially observed Markov decision processes[J]. Operations Research, 1987, 35(5): 736-742.

[88] Wang Z Q, Hu C H, Wang W B, et al. A case study of remaining storage life prediction using stochastic filtering with the influence of condition monitoring[J]. Reliability Engineering & System Safety, 2014, 132(12): 186-195.

[89] 方华京, 方翌炜, 杨方. 网络化控制系统的故障诊断[J]. 系统工程与电子技术, 2006, 28(12): 1858-1862.

[90] 张捷, 薄煜明, 吕明. 存在时延和数据包丢失的网络控制系统故障检测[J]. 控制与决策, 2011: 933-939.

第 2 章 维修次数有限情形下部分可观测系统的最优维修

2.1 引　　言

　　系统在运行过程中通常会发生性能退化，对这类系统的维修可以降低系统失效风险和减少非计划停车次数。很多学者针对这类问题进行了研究[1-7]，但已有的工作大多建立在可以对系统进行无限次维修这个前提下，有时系统的维修次数是有限的。例如，在海上航行的大型船舶所带的备件在靠岸补给前是有限的，在海上航行过程中某一系统出现的失效次数若超过其备件数，系统将彻底停止工作。因此，研究这种情况下的维修具有重要意义。Goyal 等[8]研究了维修次数有限时系统的可靠性。Lugtigheid 等[9]研究了有限时间长度内存在维修次数限制系统的维修决策问题，并推导了最优策略的结构特性。Kurt 等[10]研究了系统退化状态完全可观测情形下存在维修次数有限系统的最优维修问题。

　　但是，有些情况下系统的某些关键性部件被安装在其结构深处，此时只能通过停机拆卸完成对其状态的准确检查和判断，而完成这一操作需要的时间和费用代价较大，这会导致维修管理人员很难获取系统在运行时的准确退化状态，因此只能由专家给出系统处于某个状态的概率。然而，这种概率只能部分反映系统的真实状态，也就是说，系统的状态部分可观测。

　　因此，本章考虑系统维修次数有限且其退化状态在运行过程中不能被完全观测时的最优维修问题。

2.2 问 题 描 述

本章主要考虑一类部分可观测系统在可维修次数有限条件下的最优维护问题。正如 1.3 节所述，部分可观测系统是指在运行过程中状态不能被直接且准确观测得到的系统。管理人员只能利用对其维修的机会确认其退化状态。对于这类问题，本章首先采用部分可观测 Markov 决策过程对其进行描述。然后，通过选取合适的状态变量将部分可观测 Markov 决策过程转化为完全可观测 Markov 决策过程[11]。

下面首先对系统的退化过程进行描述，然后在引入一种新的状态变量定义后，给出 Markov 决策过程的最优方程。

假设系统从投入运行到发生失效共经历 $m(m \in \mathbb{N})$ 个阶段，也就是说，可以用有限个状态 $1, 2, \cdots, m+1$ 来描述系统的退化水平[12,13]。其中，1 表示系统刚投入运行，其健康状况处于最好的阶段，$m+1$ 表示系统已经发生了失效。为了讨论方便，将系统所有状态的集合记为 $\mathcal{S} = \{1, 2, \cdots, m+1\}$，并记 $\mathcal{S}' = \mathcal{S} \setminus \{m+1\}$。在没有任何外部操作干扰的情况下，进一步假设系统的退化状态演化过程可以用 Markov 过程进行描述，记转移概率矩阵为 $P_k = [p_{ij}^k]_{(m+1) \times (m+1)}$，其中 $p_{ij}^k = \Pr\{X(t+\Delta) = j \mid X(t) = i, N(t) = k\}$，$X(t) \in \mathcal{S}$ 表示系统在 t 时刻的退化水平，Δ 为检测时间间隔，$N(t)$ 表示从系统投入运行到当前时刻 t 对系统实施维修的次数。考虑系统的退化状态并不能被准确获知，利用定义在系统退化状态集合 $\mathcal{S}$ 上的概率分布代替退化水平来刻画系统所处的状态，也就是该 Markov 过程的状态变量。通常将该概率分布称为信息状态(information state)[14]或知识状态(knowledge state)[13]。为避免混淆，这里称该概率分布为信息状态。以 $\pi = [\pi_1, \pi_2, \cdots, \pi_{m+1}] \in \Omega$ 表示系统的信息状态，其中 $\Omega = \left\{ \pi : \sum_{i=1}^{m+1} \pi_i = 1, 0 \leqslant \pi_i \leqslant 1, i = 1, 2, \cdots, m+1 \right\}$，$\pi_i$ 表示系统现在的退化水平处于第 i 阶段的概率。由于系统在失效后就停止了工作，因此管理人员很容易判断系统是否发生了失效。当系统仍在运行时，有 $\pi_{m+1} = 0$，一旦发生失效，则有 $\pi_{m+1} = 1$。

假设当前信息状态为 π，且已经对系统实施了 k 次维修。以 $R_k(\pi)$ 表示系统无故障运行至下一个决策时刻的概率。这里将 $R_k(\pi)$ 称为系统的可靠性[14]。当没有对系统采取任何维修操作时，$R_k(\pi) = 1 - \sum_{i=1}^{m} \pi_i p_{i,m+1}^k$，再以 $\pi'(\pi,k)$ 表示系统经过状态转移后的信息状态。若系统仍然没有发生失效，则信息状态 π' 可以通过下式更新，即

$$\pi_j'(\pi,k) = \begin{cases} \dfrac{\sum_{i=1}^{m} \pi_i p_{ij}^k}{R_k(\pi)}, & j = 1, 2, \cdots, m \\ 0, & j = m+1 \end{cases} \tag{2.1}$$

于是，系统的信息状态以概率 $R_k(\pi)$ 转变成 $\pi'(\pi,k)$，而以概率 $1 - R_k(\pi)$ 发生失效。一旦系统发生失效，其状态则为 $e_{m+1} \in \mathbb{R}^{m+1}$，其中 e_{m+1} 为第 $m+1$ 行为 1 的单位列向量。

考虑对系统进行周期性的维修决策，且在每个决策时刻，共有三种操作供维修管理人员选择。

(1) 不对系统采取任何操作，让其继续运行。运行过程中一旦发生失效，就对其实施替换操作，费用为 c_r。

(2) 以一定的费用 $c_m < \infty$ 对系统进行维修。

(3) 立即对系统实施替换，所耗费用为 c_p，并且有 $c_m < c_p < c_r < \infty$。

为方便讨论，以 $\mathcal{A} = \{0,1,2\}$ 表示全体行动集合，其中 0 表示当前决策时刻不采取任何操作，让系统自主运行至下一决策时刻，1 表示对系统进行预防性维修，2 表示立即对系统实施替换。不论是维修还是替换，都可以使系统的健康状态恢复至最高水平，也就是恢复到 1 这个状态。维修或替换的时间可以忽略不计。但是，每次维修都可能加快系统的退化过程，这导致系统只能接受有限次维修。也就是说，系统在经历 K 次维修后，无法再接受任何维修，必须被替换掉。此时，系统的行动空间集合变为 $\mathcal{A}' = \{0,2\}$。记 $\mathcal{K} = \{0,1,2,\cdots,K\}$，$\mathcal{K}' = \mathcal{K} \setminus \{K\}$，其中，$K$ 为系统能接受的

最多维修次数，等号"\"表示将其后的元素去除。

通过引入有序对 $(\pi, k) \in \Omega \times \mathcal{K}$ 作为决策过程的状态变量，可以将此类系统的维修问题由部分可观测 Markov 决策过程转为完全可观测的 Markov 过程。首先考虑在一个有限时间长度上的维修问题。若系统已经经过 k 次维修，且当前信息状态为 $\pi \in \Omega$，那么将维修决策过程在剩余 n 个决策周期内产生的期望总代价记为 $V_n(\pi, k)$。由于维修管理人员做决策的频率很快，因此可以认为折扣因子 β 近似等于 $1^{[15]}$。最优方程为

$$V_n(\pi, k) = \min\{\mathrm{NA}_n(\pi, k), \mathrm{PM}_n(\pi, k), \mathrm{PR}_n(\pi, k)\}, \quad k \in \mathcal{K}' \tag{2.2}$$

$$V_n(\pi, K) = \min\{\mathrm{NA}_n(\pi, K), c_{\mathrm{p}} + V_n(e_1, 0)\} \tag{2.3}$$

其中

$$\mathrm{NA}_n(\pi, k) = (c_{\mathrm{r}} + V_{n-1}(e_1, 0))(1 - R_k(\pi)) + V_{n-1}(\pi'(\pi, k), k) R_k(\pi) \tag{2.4}$$

$$\mathrm{PM}_n(\pi, k) = c_{\mathrm{m}} + V_n(e_1, k+1), \quad k \in \mathcal{K}' \tag{2.5}$$

$$\mathrm{PR}_n(\pi, k) = c_{\mathrm{p}} + V_n(e_1, 0) \tag{2.6}$$

式(2.4)表示维修管理人员采取操作 0 后产生的维修费用。该式中的第一项表示系统以概率 $1 - R_k(\pi)$ 发生失效。由该失效带来的损失费用为 c_{r} 和在剩余的 $n-1$ 个决策周期内的期望总代价之和。由于系统在每次更换后，其健康状态都恢复至最高水平，因此决策过程的状态为 $(e_1, 0)$。若系统未发生失效，那么信息状态则被更新为 $\pi'(\pi, k)$，并且对系统已经实施的维修次数仍然为 k，因此新的状态变成 $(\pi'(\pi, k), k)$。式(2.5)反映了维修操作被采用后产生的损失费用。

由于系统在每次替换和维修后，都能够恢复到最高水平，因此整个过程是单链 Markov 过程$^{[13]}$。因此，根据 Markov 决策过程的相关理论，可以得出在 n 趋于无穷大的条件下，$V_n(\pi, k)$ 可以用斜率为 g 且截距为 $b(\pi, k)$ 的直线对其进行近似刻画，即

$$\lim_{n \to \infty} V_n(\pi, k) = ng + b(\pi, k) \tag{2.7}$$

由此可得

$$b(\pi,k) = \min\left\{b_{\mathrm{NA}}(\pi,k), b_{\mathrm{PM}}(\pi,k), b_{\mathrm{PR}}(\pi,k)\right\}, \quad k \in \mathcal{K}' \tag{2.8}$$

$$b(\pi,K) = \min\left\{b_{\mathrm{NA}}(\pi,K), b_{\mathrm{PR}}(\pi,K)\right\} \tag{2.9}$$

其中

$$b_{\mathrm{NA}}(\pi,k) = (c_{\mathrm{r}} + b(e_1,0))(1 - R_k(\pi)) + b(\pi'(\pi,k),k)R_k(\pi) - g \tag{2.10}$$

$$b_{\mathrm{PM}}(\pi,k) = c_{\mathrm{m}} + b(e_1,k+1), \quad k \in \mathcal{K}' \tag{2.11}$$

$$b_{\mathrm{PR}}(\pi,k) = c_{\mathrm{p}} + b(e_1,0) \tag{2.12}$$

考虑集合 Ω 中信息状态的数目是无穷多的，因此不可能利用传统的策略迭代或值迭代算法对最优方程进行求解[16]。但是，Maillart[13]指出，可以通过样本路径上的全体信息状态的集合来近似状态空间 Ω。样本路径是指系统在未受到任何维护的情形下，由信息状态 π 出发经过的所有信息状态构成的一个序列。在假设已经对系统进行 k 次维修的情况下，以 $\Omega_{\pi}^k = \{\pi, \pi_k^2, \cdots, \Pi_k(\pi)\}$ 表示样本路径，其中 $\pi_k^l = \pi'(\pi_k^{l-1},k), l \geqslant 2$，且 $\pi_k^1 = \pi$。这里，将 $\Pi_k(\pi)$ 称为吸收态，并将其定义为 $\pi_k^{L_k}$，$L_k = \min\left\{l; \left\|\pi_k^{l+1} - \pi_k^l\right\| \leqslant \varepsilon\right\}$，$\varepsilon > 0$。Maillart[13]进一步指出，在 Markov 链是非周期的情形下，对任意 $\varepsilon > 0$，L_k 总是存在的。

本章中，不管是维修操作还是对系统实施替换，都会使退化过程从状态 e_1 重新开始。如果在初始时刻 $t_0 = 0$，维修管理人员能够准确知道系统的退化状况，那么他们只需利用值迭代或策略迭代算法来确定集合 $\Omega' = \bigcup_{i=1}^{m} \Omega(e_i)$ 中每一个状态对应的最优维修操作。这里，$\Omega(e_i) = \bigcup_{k=0}^{K} \Omega_{e_i}^k$。

考虑折扣因子 $\beta \to 1$，近似状态空间 Ω' 中状态个数有限，维修费用皆为有限值，并且 Markov 链为单链，那么可知最优方程(2.8)和方程(2.9)的解存在[16]。通过调研可以发现，策略迭代算法和值迭代算法被广泛用于 Markov 决策过程中最优方程的求解问题[15-17]。因此，这里也考虑利用值迭代算法(算法 2.1)获得偏差值 $b(e_i,k)(i \in \mathcal{S}, k \in \mathcal{K})$ 和平均费用 g。

算法 2.1　值迭代算法

1. 给 $V_0(\pi,k)$（$\pi \in \Omega'$，$k \in \mathcal{K}$）赋任意值，再给定 $\varepsilon > 0$，然后设 $n = 0$。
2. 针对状态空间中 $\Omega' \times \mathcal{K}$ 中的任意一对状态变量，根据式(2.2)和式(2.3)求解 $V_{n+1}(\pi,k)$ 的值。
3. 若 $\mathrm{sp}(V_{n+1} - V_n) < \varepsilon$，则转第 4 步；否则，令 $n = n+1$，并转第 2 步。
4. 针对每一组 (π,k)，找到最优操作 $a^*(\pi,k)$，并令 $N^* = n$，然后停止运行。

算法中的 V_n 为 $V_n(\pi,k)$ 组成的列向量，记 $\mathrm{sp}(v) = \max v - \min v$，$v$ 为一有限维列向量。

算法停止后，针对任意 (π,k)，根据式(2.7)计算得到

$$V_{N^*+1}(\pi,k) - V_{N^*}(\pi,k) \approx (N^*+1)g + b(\pi,k) - N^*g - b(\pi,k) = g \quad (2.13)$$

因此，可得到平均费用 g。根据下式计算得到偏差值 $b(e_i,k)$，即

$$b(e_i,k) \approx V_{N^*+1}(e_i,k) - (N^*+1)g, \quad i \in \mathcal{S}, k \in \mathcal{K} \quad (2.14)$$

为了确定与任意一状态变量 $(\pi,k) \in \Omega \times \mathcal{K}$ 对应的最优决策准则和计算 $b(\pi,k)$，需要对式(2.8)和式(2.9)中的各项进行比较。易知，$b_{\mathrm{PM}}(\pi,k)$ 和 $b_{\mathrm{PR}}(\pi,k)$ 可以根据式(2.11)和式(2.12)直接求得，故只要计算 $b_{\mathrm{NA}}(\pi,k)$。

针对该问题，Maillart[18] 提出一种递归算法。首先，由于 $b(\pi'(\varPi_k,k),k) = b(\varPi_k,k)$，因此将 $\varPi_k$ 代入 $b_{\mathrm{NA}}(\pi,k)$ 式(2.10)~式(2.12)，可得

$$b_{\mathrm{NA}}(\varPi_k,k) = (c_{\mathrm{r}} + b(e_1,0))(1 - R_k(\varPi_k)) + b(\varPi_k,k)R_k(\varPi_k) - g \quad (2.15)$$

$$b_{\mathrm{PM}}(\varPi_k,k) = c_{\mathrm{m}} + b(e_1,k+1), \quad k \in \mathcal{K}' \quad (2.16)$$

$$b_{\mathrm{PR}}(\varPi_k,k) = c_{\mathrm{p}} + b(e_1,0) \quad (2.17)$$

将这组方程代入式(2.8)和式(2.9)，就可以求解得到 $b(\pi'(\varPi_k,k),k)$。依次将 $\pi_k^{L_k-1}, \pi_k^{L_k-2}, \cdots, \pi_k^1$ 代入式(2.10)~式(2.12)并进行相应计算，就可以得到 $b(\pi,k)$ 的值和相应的维修操作。

从计算过程可以看出，这种递归求解方法需要在计算上消耗大量的时间，从而导致算法可行性差[10]。因此，有必要找出最优策略结构上的一些性质，以便设计出高效的算法来降低时间消耗。

2.3　结　构　性　质

首先引入一些已有的基本结果，然后对最优代价函数的单调性进行分析。在此基础上，进行相应推导就可以获得最优策略的一些结构性质。在求解式(2.8)和式(2.9)时，可以利用这些结构性质设计能够减少时间代价的算法。

2.3.1　基本结论与主要假设

为了使讨论能够顺利进行，首先引入几个在 POMDP 相关文献中被广泛使用的定义。

定义 2.1[13]　若 $\sum\limits_{i>k}\pi_i \leqslant \sum\limits_{i>k}\hat{\pi}_i$，$k=1,2,\cdots,m+1$，则称信息状态 π 随机小于信息状态 $\hat{\pi}$，记为 $\pi \prec_{st} \hat{\pi}$。

定义 2.2[13]　若 $\pi_i\hat{\pi}_j \geqslant \pi_j\hat{\pi}_i$ 对所有 $j \geqslant i$ 都成立，则称信息状态 π 在可能性上小于信息状态 $\hat{\pi}$，记为 $\pi \prec_{lr} \hat{\pi}$。

这两种定义都可以用来比较系统退化水平的大小。若一个信息状态随机小于另一个信息状态，则意味着处于前面信息状态的系统比处于后面信息状态系统的退化程度低。需要注意的是，由于可以通过 $\pi \prec_{lr} \hat{\pi}$ 得到 $\pi \prec_{st} \hat{\pi}$，因此定义 2.1 比定义 2.2 更宽泛。这里，π 和 $\hat{\pi}$ 具有相同的维数。

下面给出两个与转移概率矩阵 P 有关的定义。

定义 2.3[19]　若 $\sum\limits_{j>k}p_{i,j} \leqslant \sum\limits_{j>k}p_{i',j}$ 对 $i \leqslant i'$ 和 $\forall k$ 成立，则称概率矩阵 P 具有递增的失效率(increasing failure rate，IFR)。

定义 2.4[19]　若 $p_{ij}p_{i'j'} \geqslant p_{i'j}p_{ij'}$，$i' \geqslant i, j' \geqslant j$，则称概率矩阵 P 为全正二序(totally positive of order 2，TP2)。

此处，定义 2.3 和定义 2.4 的条件意味着，处于随机较大信息状态的系统更易发生进一步劣化或直接失效[13]。Rosenfield[19]证明，若 P 为全正二序，那么它也具有 IFR。这表明，全二正序的定义比递增失效率的定义更加严格。

为了推导与最优策略结构相关的性质，下面首先给出几个主要的假设，然后引出几个必须的命题和引理。

假设 2.1　P_k 为一个具有递增失效率的矩阵。也就是，对任意 $1 \leqslant i \leqslant j \leqslant m+1$，有 $p_{i,:}^k \prec_{st} p_{j,:}^k$，其中 $p_{i,:}^k$ 为矩阵 P_k 的第 i 个行向量，$k \in \mathcal{K}$。

假设 2.2　$p_{i,:}^k \prec_{st} p_{i,:}^{k+1}$，其中 $i = 1,2,\cdots,m+1$ 且 $k \in \mathcal{K}$。

假设 2.3　P_k，$k \in \mathcal{K}$ 为上三角矩阵。

针对一个被修理过 k 次的系统，系统处于退化状态 $j \geqslant i$ 时的退化程度显然比处于退化状态 i 时的退化程度高，即 $p_{i,:}^k \prec_{st} p_{j,:}^k$。因此，假设 2.1 显然容易满足。若修理操作会加快系统的退化速度，则假设 2.2 也成立。通常情况下，系统并不会自愈，因此退化程度只会越来越高。因此，它的转移概率矩阵必然为一上三角矩阵。综上可知，这三条假设很容易满足。

从直观上讲，一个退化程度较低的系统具有较高的可靠性。此外，一个被多次维修的系统完成指定功能的能力应该会变弱。因此，有如下命题。

命题 2.1[13]　①若假设 2.1 成立，则当 $\pi \prec_{st} \hat{\pi}$ 时，对任意 $k \in \mathcal{K}$ 有 $R_k(\pi) \geqslant R_k(\hat{\pi})$；②若假设 2.2 成立，则对 $\forall \pi \in \Omega$，$R_k(\pi)$ 关于 $k \in \mathcal{K}$ 是非递增的。

证明：首先对①进行证明。由于 P_k 为 IFR 矩阵，因此对于任意 $i \leqslant j$ 有 $p_{i,m+1}^k \leqslant p_{j,m+1}^k$。根据文献[16]中的引理 4.7.2 可知，当 $\pi \prec_{st} \hat{\pi}$ 时，有 $\sum_{i=1}^{m} \pi_i p_{i,m+1}^k \leqslant \sum_{i=1}^{m} \hat{\pi}_i p_{i,m+1}^k$，因此

$$R_k(\pi) = 1 - \sum_{i=1}^{m} \pi_i p_{i,m+1}^k \geqslant 1 - \sum_{i=1}^{m} \hat{\pi}_i p_{i,m+1}^k = R_k(\hat{\pi}) \tag{2.18}$$

下面对②进行证明。由假设 2.2 可知，当 $k_1 \leqslant k_2$ 时，有 $p_{i,m+1}^{k_1} \leqslant p_{i,m+1}^{k_2}$，$i = 1,2,\cdots,m+1$。进而可得

$$R_{k_1}(\pi) = 1 - \sum_{i=1}^{m} \pi_i p_{i,m+1}^{k_1} \geqslant 1 - \sum_{i=1}^{m} \pi_i p_{i,m+1}^{k_2} = R_{k_2}(\pi) \tag{2.19}$$

这意味着，$R_k(\pi)$ 是关于 k 非递增的。证毕。

命题 2.2[14] ①若假设 2.1 成立且 $\pi \prec_{st} \hat{\pi}$，则对 $k \in \mathcal{K}$，有 $\pi'(\pi,k) \prec_{st}$ $\pi'(\hat{\pi},k)$；②若假设 2.2 成立，则对 $k_1 \leqslant k_2$ 和 $\pi \in \Omega$ 有 $\pi'(\pi,k_1) \prec_{st} \pi'(\pi,k_2)$。

证明：①的证明可以参考文献[14]，这里不再赘述。通过假设 2.2 和命题 2.1 中②的结论，存在如下不等式，即

$$\sum_{j > p} \pi_{j'}(\pi, k_1) = \sum_{j > p} \frac{\sum_{i=1}^{m} \pi_i p_{ij}^{k_1}}{R_{k_1}(\pi)} \leqslant \sum_{j > p} \frac{\sum_{i=1}^{m} \pi_i p_{ij}^{k_1}}{R_{k_2}(\pi)}$$

$$= \frac{\sum_{i=1}^{m} \pi_i \sum_{j > p} p_{ij}^{k_1}}{R_{k_2}(\pi)} \leqslant \frac{\sum_{i=1}^{m} \pi_i \sum_{j > p} p_{ij}^{k_2}}{R_{k_2}(\pi)}$$

$$= \sum_{j > p} \pi_{j'}(\pi, k_2) \tag{2.20}$$

这就是说，对于 $k_1 \leqslant k_2$ 和 $\pi \in \Omega$，有 $\pi'(\pi,k_1) \prec_{st} \pi'(\pi,k_2)$。从而，命题得证。证毕。

命题 2.2 表明，状态转移并不会改变信息状态之间的随机序。

2.3.2 最优策略的结构性质

引理 2.1 若假设 2.1 成立，则对任意固定 $k \in \mathcal{K}$，$b(\pi,k)$ 是关于 $\pi \in \Omega$ 的非随机递减函数。

证明：首先通过数学归纳法证明对于 $k \in \mathcal{K}$，$V_n(\pi,k)$ 关于 π 非随机递减。不失一般性，假设 $V_0(\pi,k) = 0$ 对所有 $\pi \in \Omega, k \in \mathcal{K}$ 成立。此时，$V_0(\pi,k) = 0$ 关于 π 非随机递减。在归纳假设阶段，假设 $V_{n-1}(\pi,k)$，$k \in \mathcal{K}$ 关于 π 非随机递减。显而易见，$\mathrm{PM}_n(\pi,k)$ 和 $\mathrm{PR}_n(\pi,k)$ 皆为常数，因此是非随机递减的。下面只需证明 $\mathrm{NA}_n(\pi,k)$ 也是关于 π 非随机递减。设 $\pi^1 \prec_{st} \pi^2$，则有

$$\begin{aligned}
\mathrm{NA}_n(\pi^1,k) &= (c_{\mathrm{r}}+V_{n-1}(e_1,0))(1-R_k(\pi^1))+V_{n-1}(\pi'(\pi^1,k),k)R_k(\pi^1)\\
&\leqslant (c_{\mathrm{r}}+V_{n-1}(e_1,0))(1-R_k(\pi^1))+V_{n-1}(\pi'(\pi^2,k),k)R_k(\pi^1)\\
&= (c_{\mathrm{r}}+V_{n-1}(e_1,0))+(V_{n-1}(\pi'(\pi^2,k),k)-c_{\mathrm{r}}-V_{n-1}(e_1,0))R_k(\pi^1)\\
&\leqslant (c_{\mathrm{r}}+V_{n-1}(e_1,0))+(V_{n-1}(\pi'(\pi^2,k),k)-c_{\mathrm{r}}-V_{n-1}(e_1,0))R_k(\pi^2)\\
&= (c_{\mathrm{r}}+V_{n-1}(e_1,0))(1-R_k(\pi^2))+V_{n-1}(\pi'(\pi^2,k),k)R_k(\pi^2)\\
&= \mathrm{NA}_n(\pi^2,k)
\end{aligned}$$

$$(2.21)$$

第一个不等式主要根据归纳假设和命题 2.2 获得，第二个不等式则建立在命题 2.1 和 $V_{n-1}(\pi'(\pi^2,k),k)\leqslant c_{\mathrm{r}}+V_{n-1}(e_1,0)$ 的基础上。因此，由归纳法可以得出 $V_n(\pi,k)(n\geqslant 0)$ 对所有 k 关于 π 非随机递减。$b(\pi,k)$ 可以通过对 $V_n(\pi,k)$ 求极限而得，因此 $b(\pi,k)(k\in\mathcal{K})$ 关于 π 是非随机递减的。证毕。

引理 2.1 表明，在系统已经接受的维修次数不变的情形下，最优期望总费用会随着系统的劣化而非递减。

引理 2.2　若假设 2.2 成立，则对于任意固定的 $\pi\in\Omega$，$b(\pi,k)$ 是关于 $k\in\mathcal{K}$ 的非递减函数。

证明：与引理 2.1 的证明类似，首先采用数学归纳法证明对于任意 $\pi\in\Omega$，$V_n(\pi,k)$ 是关于 $k\in\mathcal{K}$ 的非递减函数。不失一般性，令 $V_0(\pi,k)=0$，$\pi\in\Omega,k\in\mathcal{K}$。可知，此时的 $V_0(\pi,k)$ 关于 k 是非递减的。然后，假设 $V_{n-1}(\pi,k)$ 关于 k 非递减。在此基础上，证明 $V_n(\pi,k)$ 关于 k 也是非递减的。根据式(2.6)可以发现，$\mathrm{PR}_n(\pi,k)$ 是关于 k 非递减的。因此，只需要证明 $\mathrm{NA}_n(\pi,k)$ 和 $\mathrm{PM}_n(\pi,k)$ 也关于 k 非递减。首先，研究 $\mathrm{NA}_n(\pi,k)$ 关于 k 的单调性。对于 $k_1<k_2$，有

$$\mathrm{NA}_n(\pi,k_1) = (c_{\mathrm{r}}+V_{n-1}(e_1,0))(1-R_{k_1}(\pi))+V_{n-1}(\pi'(\pi,k_1),k_1)R_{k_1}(\pi) \quad(2.22a)$$

$$\leqslant (c_{\mathrm{r}}+V_{n-1}(e_1,0))(1-R_{k_1}(\pi))+V_{n-1}(\pi'(\pi,k_2),k_2)R_{k_1}(\pi) \quad(2.22b)$$

$$= c_{\mathrm{r}}+V_{n-1}(e_1,0)+(V_{n-1}(\pi'(\pi,k_2),k_2)-c_{\mathrm{r}}-V_{n-1}(e_1,0))R_{k_1}(\pi) \quad(2.22c)$$

$$\leqslant c_{\mathrm{r}}+V_{n-1}(e_1,0)+(V_{n-1}(\pi'(\pi,k_2),k_2)-c_{\mathrm{r}}-V_{n-1}(e_1,0))R_{k_2}(\pi) \quad(2.22d)$$

$$= \mathrm{NA}_n(\pi,k_2) \quad(2.22e)$$

这意味着，$\mathrm{NA}_n(\pi,k)$ 是关于 k 非递减的函数。需要指出的，不等式(2.22b) 是在命题 2.2、引理 2.1 以及归纳假设基础上推导得到的，而式(2.22d)是建立在不等式 $V_{n-1}(\pi'(\pi,k_2),k_2) \leqslant c_{\mathrm{r}} + V_{n-1}(e_1,0)$ 和命题 2.1 基础上的。

当 $k_1 < k_2$ 时，$\mathrm{PM}_n(\pi,k)$ 具有与 $\mathrm{NA}_n(\pi,k)$ 相似的结果。具体证明过程如下。

$$
\begin{aligned}
V_n(e_1,k_1) \leqslant \mathrm{NA}_n(e_1,k_1) &= (c_{\mathrm{r}} + V_{n-1}(e_1,0))(1 - R_{k_1}(e_1)) + V_{n-1}(\pi'(e_1,k_1),k)R_{k_1}(e_1) \\
&\leqslant (c_{\mathrm{r}} + V_{n-1}(e_1,0))(1 - R_{k_1}(e_1)) + V_{n-1}(\pi'(e_1,k_2),k_2)R_k(e_1) \\
&= c_{\mathrm{r}} + V_{n-1}(e_1,0) + (V_{n-1}(\pi'(e_1,k_2),k_2) - c_{\mathrm{r}} - V_{n-1}(e_1,0))R_{k_1}(e_1) \\
&\leqslant c_{\mathrm{r}} + V_{n-1}(e_1,0) + (V_{n-1}(\pi'(e_1,k_2),k_2) - c_{\mathrm{r}} - V_{n-1}(e_1,0))R_{k_2}(e_1) \\
&= V_n(e_1,k_2)
\end{aligned}
\tag{2.23}
$$

这表明，对于任意固定 $\pi \in \Omega$，$V_n(e_1,k)$ 关于 k 非递减，因此可以得出 $\mathrm{PM}_n(\pi,k)$ 是关于 $k \in \mathcal{K}'$ 的非递减函数。

由于 $\mathrm{NA}_n(\pi,k)$、$\mathrm{PM}_n(\pi,k)$、$\mathrm{PR}_n(\pi,k)$ 都是关于 k 的非递减函数，因此它们当中的最小值自然也关于 k 非递减。与引理 2.1 的证明类似，可以得出对任意 $\pi \in \Omega$，$b(\pi,k)$ 是关于 $k \in \mathcal{K}$ 的非递减函数的结论。证毕。

引理 2.2 表明，对于一个信息状态保持不变的系统，它的最优期望总费用会随着已经实施的维修次数的增加而增加。

下面讨论最优策略对应区域的边界表达式。为讨论方便，用 $a^*(\pi,k)$ 表示状态为 (π,k) 时的最优平稳策略，并用 $\Omega_{\mathrm{NA}}(\pi,k)$、$\Omega_{\mathrm{PM}}(\pi,k)$、$\Omega_{\mathrm{PR}}(\pi,k)$ 表示使 $a^*(\pi,k) = 0$、$a^*(\pi,k) = 1$、$a^*(\pi,k) = 2$ 成立的所有可能状态的集合。

引理 2.3 若假设 2.1 和假设 2.3 同时成立，则有如下结果：①如果 $R_k(\pi)$ 满足不等式 $R_k(\pi) \geqslant 1 - g/(c_{\mathrm{r}} - c_{\mathrm{m}} + b(e_1,0) - b(e_1,k+1))$ 且 $k < k_1^*$，或者如果 $k \geqslant k_1^*$，那么 $a^*(\pi,k) \neq 1$，其中 $k_1^* = \min\{k; c_{\mathrm{r}} - c_{\mathrm{m}} + b(e_1,0) \leqslant b(e_1, k+1)\}$；②对任意固定的 $k \in \mathcal{K} < k_1^*$ 且 $\pi \prec_{\mathrm{st}} \pi'(\pi,k)$，若 $R_k(\pi) < 1 - g/(c_{\mathrm{r}} - c_{\mathrm{m}} + b(e_1,0) - b(e_1,k+1))$，则有 $a^*(\pi,k) \neq 0$。

证明：

$$b_{\mathrm{NA}}(\pi,k) - b_{\mathrm{PM}}(\pi,k)$$

$$= (c_r + b(e_1,0))(1 - R_k(\pi)) + b(\pi'(\pi,k),k)R_k(\pi) - g - c_m - b(e_1,k+1)$$

$$= (c_r - c_m + b(e_1,0) - b(e_1,k+1))(1 - R_k(\pi))$$

$$- g + (b(\pi'(\pi,k),k) - c_m - b(e_1,k+1))R_k(\pi) \qquad (2.24)$$

由式(2.24)和引理 2.2 可以得出 $b(\pi'(\pi,k),k) \leqslant c_m + b(e_1,k+1)$，并且存在着一个临界数 k_1^* 使 $k_1^* = \min\{k; c_r - c_m + b(e_1,0) \leqslant b(e_1,k+1)\}$。对于 $k \geqslant k_1^*$ 的情形，有 $c_r - c_m + b(e_1,0) - b(e_1,k+1) \leqslant 0$，这意味着 $b_{\mathrm{NA}}(\pi,k) \leqslant b_{\mathrm{PM}}(\pi,k)$，也就是说，与对系统进行维修相比，应该更倾向于不采取任何操作，而任由系统自主运行；对于 $k < k_1^*$ 的情形，只有当 $(c_r - c_m + b(e_1,0) - b(e_1,k+1))$ $(1 - R_k(\pi)) - g \leqslant 0$，即 $R_k(\pi) \geqslant 1 - g/(c_r - c_m + b(e_1,0) - b(e_1,k+1))$ 时，才倾向于选择不对系统采取任何维修操作。

考虑 $R_k(\pi) < 1 - g/(c_r - c_m + b(e_1,0) - b(e_1,k+1))$ 时的情形，假设 $a^*(\pi,k) = 0$，那么有

$$b(\pi'(\pi,k),k) - b(\pi,k)$$

$$= b(\pi'(\pi,k),k) - (c_r + b(e_1,0))(1 - R_k(\pi)) - b(\pi'(\pi,k),k)R_k(\pi) + g$$

$$= (b(\pi'(\pi,k),k) - c_m - b(e_1,k+1))(1 - R_k(\pi))$$

$$- (c_r + b(e_1,0) - c_m - b(e_1,k+1))(1 - R_k(\pi)) + g \qquad (2.25)$$

显而易见，$b(\pi'(\pi,k),k) - c_m - b(e_1,k+1) \leqslant 0$，因此如果 $g - (c_r + b(e_1,0) - c_m - b(e_1,k+1))(1 - R_k(\pi)) < 0$，那么有 $b(\pi'(\pi),k) < b(\pi,k)$，这与当 $\pi \prec_{\mathrm{st}} \pi'(\pi,k)$ 时 $b(\pi'(\pi),k) \geqslant b(\pi,k)$ 的事实相矛盾。因此，当 $g - (c_r + b(e_1,0) - c_m - b(e_1,k+1))(1 - R_k(\pi)) < 0$ 且 $\pi \prec_{\mathrm{st}} \pi'(\pi,k)$ 时，最优操作不可能不采取任何操作。具体来说，在 $k \geqslant k_1^*$ 时，不等式 $g - (c_r + b(e_1,0) - c_m - b(e_1,k+1))(1 - R_k(\pi)) > 0$ 总是成立，因此在这种情形下，不采取任何操作不可能是最优维修操作。对于 $k < k_1^*$ 的情形，$R_k(\pi) < 1 - g/(c_r - c_m + b(e_1,0) - b(e_1,k+1))$ 是使不等式 $a^*(\pi,k) \neq 0$ 成立的充分条件。证毕。

根据引理 2.3 可得，如果 $c_r - c_m \leqslant b(e_1,1) - b(e_1,0)$ 成立，那么有 $k_1^* = 0$。这说明，不管系统此时处于什么状态，即对 $(\pi,k) \in \Omega \times \mathcal{K}$，$a^*(\pi,k)$ 不可能

为 1。也就是说，预防性维修操作不可能是最优操作。从直观上讲，如果采用预防性维修操作代替替换操作节省的费用 $c_r - c_m$ 小于采取预防性维修导致的费用 $b(e_1,1) - b(e_1,0)$ 时，就没有必要将预防性维修操作当作一种候选操作来考虑。因此，在这种情况下，可行的维修操作只包括不对系统采取任何操作和立即对其实施替换操作两种。

引理 2.4　当 $R_k(\pi) \geqslant 1 - g / (c_r - c_p)$ 成立时，有 $a^*(\pi,k) \neq 2$。

证明：

$$b_{\mathrm{NA}}(\pi,k) - b_{\mathrm{PR}}(\pi,k)$$
$$= (c_r + b(e_1,0))(1 - R_k(\pi)) + b(\pi'(\pi,k),k)R_k(\pi) - g - c_p - b(e_1,0)$$
$$= (c_r - c_p)(1 - R_k(\pi)) + (b(\pi'(\pi,k),k) - c_p - b(e_1,0))R_k(\pi) - g \qquad (2.26)$$

由于 $b(\pi'(\pi,k),k) \leqslant c_p + b(e_1,0)$，因此当 $(c_r - c_p)(1 - R_k(\pi)) - g \leqslant 0$ 时，有 $b_{\mathrm{NA}}(\pi,k) \leqslant b_{\mathrm{PR}}(\pi,k)$，即 $R_k(\pi) \geqslant 1 - g / (c_r - c_p)$。证毕。

引理 2.5　记 $k_2^* \triangleq \min\{k; b(e_1,k+1) \geqslant b(e_1,0) + c_p - c_m\}$。若假设 2.2 成立，则当 $k \geqslant k_2^*$ 时，有 $a^*(\pi,k) \neq 1$；当 $k < k_2^*$ 时，有 $a^*(\pi,k) \neq 2$。

证明：首先对状态为 (π,k) 时的 $b_{\mathrm{PM}}(\pi,k)$ 和 $b_{\mathrm{PR}}(\pi,k)$ 进行比较，即

$$b_{\mathrm{PM}}(\pi,k) - b_{\mathrm{PR}}(\pi,k) = c_m + b(e_1,k+1) - c_p - b(e_1,0) \qquad (2.27)$$

显然，当 $k \geqslant k_2^*$ 时，$b(e_1,k+1) \geqslant b(e_1,0) + c_p - c_m$。这表明，$b_{\mathrm{PM}}(\pi,k) \geqslant b_{\mathrm{PR}}(\pi,k)$，即替换操作比预防性维修操作更合理。另外，当 $b(e_1,k+1) < b(e_1,0) + c_p - c_m$ 时，预防性维修则比替换更能节约费用。因此，引理 2.5 得证。证毕。

引理 2.6　若假设 2.2 和假设 2.3 同时成立，则有以下结论成立。①对于 $\pi_1 \prec_{\mathrm{st}} \pi_2$，当 $a^*(\pi_1,k) = 2$ 时，有 $a^*(\pi_2,k) = 2$；②对于 $k \leqslant k'$，如果对任意 $\pi \in \Omega$ 有 $a^*(\pi,k) = 2$，那么有 $a^*(\pi,k') = 2$。

证明：

下面证明引理 2.3 的①成立。由引理 2.1 和 $a^*(\pi_1,k) = 2$ 可得

$$b_{\mathrm{NA}}(\pi_2,k) \geqslant b_{\mathrm{NA}}(\pi_1,k) \geqslant b_{\mathrm{PR}}(\pi_1,k) = b_{\mathrm{PR}}(\pi_2,k) \qquad (2.28)$$

当该引理的条件满足时，预防性替换操作应该比不对系统采取任何操作更合理，也就是，当 $a^*(\pi_1,k)=2$ 时，有 $a^*(\pi_2,k)=2$。利用相似的方法，可以对引理 2.3 的②进行证明。这里不再详述。证毕。

引理 2.7　令 $r_{1,k}=1-g/(c_r-c_m+b(e_1,0)-b(e_1,k+1))$，$r_2=1-g/(c_r-c_p)$。如果 $k_2^* \leqslant k < k_1^*$，那么有 $r_{1,k} \leqslant r_2 < 1$；否则，$r_{1,k} > r_2$。

证明：

$$
\begin{aligned}
r_{1,k}-r_2 &= \frac{g}{c_r-c_p}-\frac{g}{c_r-c_m+b(e_1,0)-b(e_1,k+1)} \\
&= g \cdot \frac{c_p-c_m+b(e_1,0)-b(e_1,k+1)}{(c_r-c_p)(c_r-c_m+b(e_1,0)-b(e_1,k+1))}
\end{aligned}
\tag{2.29}
$$

根据 k_1^* 和 k_2^* 的定义，对 $k<k_1^*$ 的情形有

$$
c_r-c_m+b(e_1,0)-b(e_1,k+1)>0
\tag{2.30}
$$

同时，对 $k \geqslant k_2^*$ 的情形有

$$
c_p-c_m+b(e_1,0)-b(e_1,k+1) \leqslant 0
\tag{2.31}
$$

此外，替换费用 c_r 一般都比维修费用 c_p 高，也就是 $c_r-c_p>0$，此时可以得到 $r_2<1$。因此，当 $k_2^* \leqslant k < k_1^*$ 时，有 $r_{1,k} \leqslant r_2 < 1$。证毕。

定理 2.1　若假设 2.1 和假设 2.2 同时成立，则对于 $\pi \prec_{st} \pi'(\pi,k)$，$0 \leqslant k < k_2^*$ 时的最优决策规则为

$$
a^*(\pi,k)=\begin{cases} 0, & R_k(\pi) \geqslant r_{1,k} \\ 1, & R_k(\pi) < r_{1,k} \end{cases}
\tag{2.32}
$$

对于 $k \geqslant k_2^*$ 的情形，存在一个阈值 R_k^*，满足

$$
a^*(\pi,k)=\begin{cases} 0, & R_k(\pi) \geqslant R_k^* \\ 2, & R_k(\pi) < R_k^* \end{cases}
\tag{2.33}
$$

证明：当 $0 \leqslant k < k_2^*$ 时，最优决策规则可以很容易地根据引理 2.3～引理 2.5 获得。对于 $k \geqslant k_2^*$ 情形时的结论，则可以根据引理 2.5 和引理 2.6 第二部分的证明获得。

为使讨论方便，用 R_k^* 来代替 $0 \leqslant k < k_2^*$ 时的 $r_{1,k}$。关于 R_k^*，有如下结果。

定理 2.2 若假设 2.1～假设 2.3 都成立，那么当 $0 \leqslant k < k_2^*$ 时，阈值 R_k^* 是关于 k 单调非增的函数，当 $k \geqslant k_2^*$ 时，R_k^* 是关于 k 单调非减的函数。

证明：由于 $b(e_1, k)$ 关于 k 单调非减且当 $k < k_1^*$ 时有 $c_r - c_m + b(e_1, 0) > b(e_1, k+1)$，因此当 $k < k_1^*$ 时，$r_{1,k}$ 是关于 k 单调非增。考虑 $k_2^* \leqslant k_1^*$，因此当 $0 \leqslant k < k_2^*$ 时，R_k^* 关于 k 单调非增。

下面考虑 R_k^* 关于 $k \geqslant k_2^*$ 时的单调性，假设 R_k^* 在 $k \geqslant k_2^*$ 时关于 k 是单调递减的，即对于 $k_2^* \leqslant k < k'$ 有 $R_k^* > R_{k'}^*$。然后，对于任一满足 $R_{k'}^* \leqslant R_k(\pi) \leqslant R_k^*$ 的信息状态 π，有

$$b_{\mathrm{NA}}(\pi, k') \geqslant b_{\mathrm{NA}}(\pi, k) \geqslant b_{\mathrm{PR}}(\pi, k) = b_{\mathrm{PR}}(\pi, k') \tag{2.34}$$

这意味着，在替换操作和不采取任何操作之间，维修管理人员应该优先选择前者，也就是 $a^*(\pi, k') = 2$。根据定理 2.1，当 $k' \geqslant k_2^*$ 且 $R_k(\pi) \geqslant R_{k'}^*$ 时，$a^*(\pi, k') = 0$。前后矛盾，从而可知前面的假设并不正确。综上可得，当 $k \geqslant k_2^*$ 时，R_k^* 是关于 k 非递减的函数。证毕。

然而，R_k^* 关于 $0 \leqslant k < k_2^*$ 单调非增的结论看起来与事实不符。其实，这是因为不采用任何操作带来的损失 $b_{\mathrm{NA}}(\pi, k+1) - b_{\mathrm{NA}}(\pi, k)$ 相对少于采用预防性维修时引起的损失 $b_{\mathrm{PM}}(\pi, k) - b_{\mathrm{PM}}(\pi, k+1)$。也就是，当系统的退化水平保持不变时，由预防性维修操作引起损失的增长速度比由不采用任何操作引起损失的增长速度快。

下面对与样本路径相对应的最优维修策略的结构性质进行研究。

推论 2.1 若假设 2.1 和假设 2.3 同时成立，则有以下结论成立。①对于 $\pi \in \Omega$，若 $\pi \prec_{\mathrm{st}} \pi'(\pi, k)$，则对任意由信息状态 $\pi \in \Omega$ 出发的样本路径总存在着如下关系，即 $\pi \prec_{\mathrm{st}} \pi_k^1 \prec_{\mathrm{st}} \cdots \prec_{\mathrm{st}} \pi_k^{L_k}$；②如果存在某个数 l_k^*，满足 $l_k^* = \min\{l; R_k(\pi_k^l) < R_k^*, l \geqslant 1\}$，$k \in \mathcal{K}$，那么最优操作可以按照下面的规则来确定，即

$$a^*(\pi_k^l, k) = \begin{cases} 0, & 1 \leqslant l < l_k^* \\ 1, & l \geqslant l_k^* \geqslant 1, 0 \leqslant k < k_2^* \\ 2, & l \geqslant l_k^* \geqslant 1, k \geqslant k_2^* \end{cases} \tag{2.35}$$

其中，$\pi \prec_{\mathrm{st}} \pi'(\pi)$。

证明：因为对 $\pi \in \Omega$，不等式 $\pi \prec_{\mathrm{st}} \pi'(\pi,k)$ 总成立，所以对每个 $l \geqslant 1$，有 $\pi_k^l \prec_{\mathrm{st}} \pi'(\pi_k^l) = \pi_k^{l+1}$。这表明，样本路径是非随机递减的。于是，①得证。结合①和命题 2.1，可得 $R_k(\pi_k^l)$ 是关于 $l(l \geqslant 1)$ 单调非增的函数。因此，如果 l_k^* 存在，就可以得到 $R_k(\pi_k^l) \geqslant R_k^*$，$1 \leqslant l < l_k^*$；$R_k(\pi_k^l) < R_k^*$，$l \geqslant l_k^* \geqslant 1$。根据定理 2.1，可以直到推导出式(2.35)。因此，②得证。证毕。

2.4　最优策略确定算法

本节利用 2.3.2 节给出的结构性质设计有效的算法确定与每个状态 $(\pi,k) \in \Omega \times \mathcal{K}$ 相对应的最优操作。

首先，给出相关的参数，如与费用相关的参数 c_r、c_p、c_m，转移概率矩阵 P_k 和系统可接受的最大维修次数 K。从对最优策略结构性质的分析过程可以看出，需要先对偏差值 $b(e_i,k)(i \in \mathcal{S}, k \in \mathcal{K})$ 进行计算。因此，这里首先获得偏差值 $b(e_i,k)(i \in \mathcal{S}, k \in \mathcal{K})$。然后，在定理 2.1 和文献[14]算法的基础上，给出确定与每个状态 $(\pi,k) \in \Omega \times \mathcal{K}$ 相对应的最优决策确定算法(算法 2.2)。

算法 2.2　最优策略确定算法

---

1. 如果 $0 \leqslant k < k_2^*$，那么可以根据可靠性 $R_k(\pi)$ 确定最优策略。具体来说，若 $R_k(\pi) \geqslant r_{1,k}$，则 $a^*(\pi,k) = 0$；否则，$a^*(\pi,k) = 1$。

2. 如果 $k \in \mathcal{K} \geqslant k_2^*$，那么有以下结论成立。

(1) 当 $R_k(\pi) \geqslant r_2 = 1 - g/(c_r - c_p)$ 时，$a^*(\pi,k) = 0$。

(2) 当 $R_k(\pi) < r_{1,k}$ 时，$a^*(\pi,k) = 2$。

(3) 当 $r_{1,k} \leqslant R_k(\pi) < r_2$ 时，可以利用下列步骤确定最优策略。

　① 令 $l = 1$，$\pi_k^1 = \pi$。

　② 获得 $\pi_k^l = \pi'(\pi_k^{l-1},k)$。若 $R(\pi_k^l) < r_{1,k}$，则 $b(\pi_k^l,k) = b_{\mathrm{PR}}(\pi_k^l,k)$。沿着样本路径向后递归求解式(2.8)，可以陆续获得 $b(\pi_k^{l-1},k)$，$b(\pi_k^{l-2},k)$，$\cdots$，$b(\pi_k^1,k) = b(\pi,k)$。由 $b(\pi,k)$ 获得与当前状态对应的最优操作。若 $R(\pi_k^l) \geqslant r_{1,k}$，则令 $l = l+1$，并跳转到步骤③。

---

③ 如果 $\left\| \pi_k^{l+1} - \pi_k^l \right\| \leqslant \varepsilon$，那么设 $L_k = l$，跳转到步骤④；否则，返回到步骤②。

④ 用 $\Pi_k(\pi)$ 替换式(2.10)中的 π 和 $\pi'(\pi,k)$，并解相应的方程获得 $b_{\mathrm{NA}}(\Pi_k(\pi),k)$，就可以根据式(2.8)得到 $b(\Pi_k(\pi),k)$。与上面相似，沿着样本路径向后递归求解式(2.8)以得到 $b(\pi^{L_k-1},k)$，$b(\pi^{L_k-2},k)$，$\cdots, b(\pi,k)$，进而获得与当前状态对应的最优操作。

由对该算法的具体描述可以看出，只有在可靠度 $R_k(\pi)$ 满足 $r_{1,k} \leqslant R_k(\pi) < r_2$ 要求时，才会采用递归算法来计算 $b(\pi,k)$，进而进行维修决策。在其他情况下，进行简单的判断即可确定最优维修操作。因此，该算法在一定程度上可以减少计算量。

2.5　数　值　仿　真

本节将通过一个数值算例验证在上述最优维修策略结构的性质。假设可以将系统的退化水平分成 5 个等级，即 $m = 4$，系统可接受的最大维修次数 $K = 8$。与文献[12]做法类似，为了定义系统的转移概率矩阵，对每个退化水平 $i \in \mathcal{S}$ 和已维修次数 $k \in \mathcal{K}$ 分别引入函数 $g(i) = 0.05 + 0.005(i-1)$ 和 $h(k) = 1 + 0.03k$，同时引入随机矩阵 $Q(j \mid i), i, j \in \mathcal{S}'$。其中

$$Q = \begin{bmatrix} 0.895 & 0.1 & 0 & 0.005 \\ 0 & 0.9 & 0.01 & 0.09 \\ 0 & 0 & 0.9 & 0.1 \\ 0 & 0 & 0 & 1 \end{bmatrix} \tag{2.36}$$

按照如下方法定义系统经过 k 次维修后的 P_k，即

$$P_{ij}^k = \begin{cases} g(i)h(k), & i \in \mathcal{S}', j = m+1, k \in \mathcal{K} \\ (1 - g(i)h(k))Q_{ij}, & i, j \in \mathcal{S}', k \in \mathcal{K} \\ 1, & i = j = m+1, k \in \mathcal{K} \\ 0, & \text{其他} \end{cases} \tag{2.37}$$

通过选取合适的随机矩阵 Q，可以保证转移概率矩阵 $P_k(k \in \mathcal{K})$ 满足假设 2.1～假设 2.3。与维修相关的费用参数包括：预防性维修费用 $c_m = 20$，预防性替换费用 $c_p = 3c_m$，失效后替换费用 $c_r = 14c_m$。

下面利用值迭代或策略迭代算法获得 $b(e_i, k)(i \in \mathcal{S}, k \in \mathcal{K})$ 和平均损失费用 g。限于篇幅，这里只给出两种典型情况的最优策略。一种情形是系统没有经过任何维修，即 $k = 0$；另一种情形是系统进行了 7 次维修，$k = 7$。之所以选择 $k = 7$ 是因为 $k_2^* = 7$。相关仿真结果如图 2.1～图 2.6 所示。

图 2.1 和图 2.2 给出具有不同维修次数的系统沿着由 e_1 出发的样本路径相对应的最优维修决策。可以求得单位时间内的损失费用 $g = 15.8728$。此外，还可以获得 $k_1^* = 9$ 和 $k_2^* = 7$。

由图 2.1 和图 2.2 可以看出，上述两种情况下的系统在经过预防性维修或替换后，最优维修操作为不对系统采取任何操作，让其运行至下一个决策时刻。经过几个决策周期后，针对 $k = 0 < k_2^*$ 的情形，最优维修操作

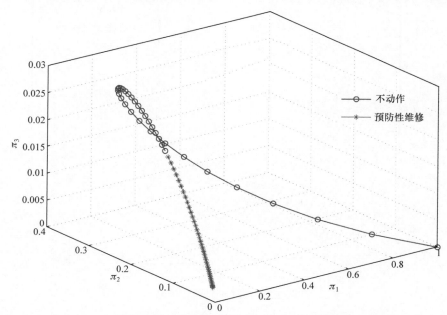

图 2.1　$k = 0$ 时与沿由 e_1 出发的样本路径相对应的最优维修策略

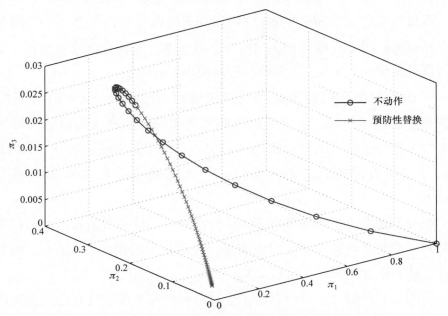

图 2.2 $k = 7$ 时与沿由 e_1 出发的样本路径相对应的最优维修策略

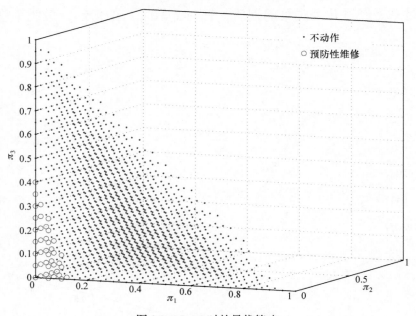

图 2.3 $k = 0$ 时的最优策略

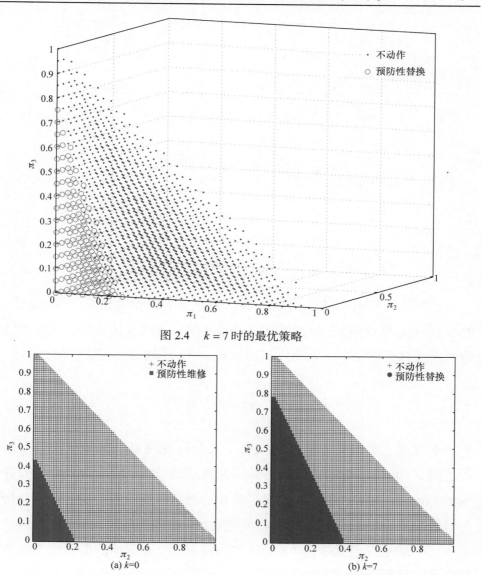

图 2.4　$k = 7$ 时的最优策略

(a) $k=0$

(b) $k=7$

图 2.5　$\pi_1 = 0$ 时与 $k = 0$ 和 $k = 7$ 分别对应的最优策略

为对系统进行预防性维修。针对 $k = 7 \leqslant k_2^*$ 的情形，最优维修操作则为对系统实施替换。可以看出，图 2.1 和图 2.2 的结果与定理 2.1 较为一致。

图 2.3 和图 2.4 分别给出 $k = 0$ 和 $k = 7$ 时最优维修决策规则与 $\pi \in \Omega$ 的对应关系。为了便于理解，这里事先令 $\pi_1 = 0$，在此基础上 $k = 0$ 和 $k = 7$ 分别对应的最优策略如图 2.5 所示。

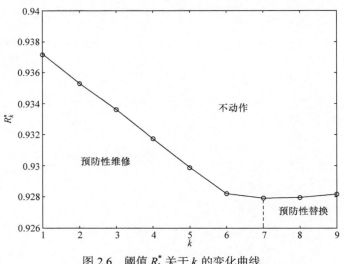

图 2.6　阈值 R_k^* 关于 k 的变化曲线

如图 2.6 所示，当 $k < k_2^* = 7$ 时，R_k^* 关于 k 为非增函数，当 $k \leqslant k_2^* = 7$ 时，R_k^* 为非减函数。这与定理 2.2 完全一致。图 2.6 还表明，最优维修策略可以通过至少三个区域刻画，即由 $k = 7$ 与 R_k^* 划分得到的区域。

2.6　本 章 小 结

本章重点对维修次数有限情形下部分可观测系统的最优维修问题进行了研究。由于系统的退化状态并不能被准确获取，因此首先利用部分可观测 Markov 决策过程对问题进行建模。为了提高计算效率，本章分析了与最优维修策略结构相关的一些关键性质。根据这些定理易知，可以通过至少三个区域对最优维修策略进行刻画。最后，证明阈值型最优维修策略的存在性和单调性。

后续可以从以下方面对本章研究的内容进行拓展和深化。首先，传感器的广泛使用，使对系统的连续监控成为可能，因此有必要研究如何将传感器数据与本章研究的内容结合起来，使维修策略更能体现设备当前健康状态的变化。此外，现有文献提出很多不完美维修模型，而本章只研究了维修能够使系统退化水平恢复到刚投入使用时的健康状态，因此可以进一步研究不完全维修的情形。其次，考虑实际应用过程中参数的估计可能不准确，因此需要通过对参数的敏感性进行分析来完善本章的工作。最后，本章研究的系统中只存在一种失效模式，但是实际系统更为复杂，通常包含多种失效模式，因此后续将对存在两种失效模式且模式间存在影响的系统，研究如何利用性能退化数据确定其最优维修策略。

参 考 文 献

[1] Zhang F, Liao H, Shen J, et al. Optimal maintenance of a system with multiple deteriorating components served by dedicated teams[J].IEEE Transactions on Reliability, 2023, 72(3):900-915.

[2] Catelani M, Ciani L, Galar D, et al. Optimizing maintenance policies for a yaw system using reliability centered maintenance and data-driven condition monitoring[J]. IEEE Transactions on Instrumentation and Measuremen, 2020, 69(9):6241-6249.

[3] Afzali P, Keynia F, Rashidinejad M. A new model for reliability-centered maintenance prioritisation of distribution feeders[J]. Energy, 2019, 171:701-709.

[4] Cai Y, Teunter R H, Bram de Jonge. A data-driven approach for condition-based maintenance optimization[J]. European Journal of Operational Research, 2023, 311(2):730-738.

[5] Ben-Daya M, Duffuaa S, Raouf A. Maintenance, Modeling and Optimization[M]. Dordrecht: Kluwer Academic Publishers, 2000.

[6] Grall A, Berenguer C, Dieulle L. A condition-based maintenance policy for stochastically deteriorating systems[J]. Reliability Engineering and System Safety, 2002, 76(2): 167-180.

[7] Dieulle L, Berenguer C, Grall A, et al. Sequential condition-based maintenance scheduling for a deteriorating system[J]. European Journal of Operational Research, 2003, 150(2): 451-461.

[8] Goyal A, Nicola V, Tantawi A, et al. Reliability of systems with limited repairs[J]. IEEE Transactions on Reliability, 1987, 36(2): 202-207.

[9] Lugtigheid D, Jiang X, Jardine A K S. A finite horizon model for repairable systems with repair restrictions[J]. Journal of the Operational Research Society, 2008, 59(10): 1321-1331.

[10] Kurt M, Kharoufeh J. Optimally maintaining a Markovian deteriorating system with limited imperfect repairs[J]. European Journal of Operational Research, 2010, 205(2): 368-380.

[11] Monahan G. A survey of partially observable Markov decision processes: theory, models, and algorithms[J]. Management Science, 1982, 28(1): 1-16.

[12] Kurt M, Kharoufeh J. Optimally maintaining a Markovian deteriorating system with limited imperfect repairs[J]. European Journal of Operational Research, 2010, 205(2): 368-380.

[13] Maillart L. Maintenance policies for systems with condition monitoring and obvious failures[J]. IIE Transactions, 2006, 38(6): 463-475.

[14] Byon E, Ntaimo L, Ding Y. Optimal maintenance strategies for wind turbine systems under stochastic weather conditions[J]. IEEE Transactions on Reliability, 2010, 59(2): 393-404.

[15] 刘克. 实用马尔可夫决策过程[M]. 北京: 清华大学出版社, 2004.

[16] Puterman M. Markov Decision Processes: Discrete Stochastic Dynamic Programming[M]. New

York: John Wiley & Sons, 1994.

[17] 胡奇英, 运筹学, 刘建庸. 马尔可夫决策过程引论[M]. 西安: 西安电子科技大学出版社, 2000.

[18] Maillart L. Optimal condition-monitoring schedules for multi-state deterioration systems with obvious failures[R]. Ohio: Department of Operations, Weatherhead School of Management, 2004.

[19] Rosenfield D. Markovian deterioration with uncertain information[J]. Operations Research, 1976, 24(1): 141-155.

第 3 章 考虑维修效果影响时部分可观测系统的最优维修

3.1 引 言

系统运行过程的可靠性在没有外界干预的情形下会不可避免地降低，进而引起失效。维修是使系统可靠性处于满意水平之上的重要手段。作为一种有效的维修方式，视情维修根据收集到的监测信息做出合适的维修决策，这引起许多学者的深入研究[1-8]。Kurt 等[9]研究了系统退化状态完全可观测情形下存在维修次数有限系统的最优维修问题。他们将问题转化成无限时间长度 Markov 决策过程，并推导出最优策略的关键性质来降低计算复杂度和加快运算时间。

在已有维修决策的相关文献中,有相当一部分的研究是以系统的退化规律服从 Markov 过程为前提，并且认为系统的退化状态可以通过观测直接获得[8,9]，即研究对象为完全可观测系统。然而，实际中常存在对系统实施监测的费用比较昂贵，导致不便对其进行连续监测的情形(记为情形 1)。针对此种情形的维修决策主要研究是否进行监测、预防性维护(包括维修和替换)或者不采取任何操作的问题。Byon 等[3]将随机天气条件下风力涡轮机的最优维修策略问题转化成部分可观测 Markov 决策过程，通过最小化单位时间内期望维修费用获得最优维修策略的关键特性,并在此基础上设计最优维修决策算法，以决策是否进行监测、预防性维护，或者不采取任何操作。

实际中还存在另一种情形(记为情形 2)，即可以对系统实施连续监测，但是获取的信息并不能严格准确反映系统的退化状态，而是与真实的退化状态存在一定的随机关系[10]。针对此种情形的维修决策主要是研究是否进行预防性维护、维修，或者不采取任何措施的问题。Maillart[11]对监测信息完美(与情形 1 对应)与不完美两种情形(与情形 2 对应)下的最优维修策略进行了研究，首先推导出监测信息完美情形下的最优维修策略的结构性质，然后利用这些性质设计监测信息不完美情形下的启发式最优维修决策算法。文献[2]研究了前面两种情形同时出现的情况，并给出由三个控制限刻画的阈值型最优维修策略。

前面所说的两种情形下的系统皆为部分可观测系统。实际上，部分可观测系统还存在一种特殊情形，即系统退化状态不能通过观测获取。例如，子系统或部件被安装在系统结构深处，使其退化状态难以被观测到。严格来讲，可以将该系统称为完全不可观测系统。针对该系统，文献[12]、[13]研究了维修次数有限及维修效果完美情形下的最优维修决策问题。然而，由于维修资源或者维修工人水平等条件的限制，维修通常情况下并不能使系统修复如新，即维修效果通常不完美。很多文献研究了维修效果建模问题。Barlow 等[14]首先提出最小维修的概念。Lin 等[15]提出一种混合不完美维修模型。Wu 等[16]总结了 2010 年之前文献中出现的不完美维修模型。Liu 等[17]考虑如何利用真实数据选择合理的不完美维修模型的问题。考虑实际情况下维修效果通常并不完美，且退化状态监测费用比较昂贵，不便对系统退化状态进行连续监测,本章研究不完美维修情形下非周期性监测系统的最优维修决策问题,并在此基础上重点研究维修次数有限和维修效果不完美同时存在情形下非周期性监测的部分可观测系统维修决策建模与优化技术。

3.2　维修效果不完美情形下部分可观测系统最优维修

本节主要考虑一类部分可观测系统在维修效果不完美，并且不能对系统进行连续监测条件下的最优维修决策问题。首先，对系统的退化过程进行描述。然后，在引入一种新的状态变量定义后，给出 Markov 决策过程的最优方程。

3.2.1　问题描述

考虑一类从投入运行到发生失效共经历 $m(m \in \mathbb{N})$ 个阶段的复杂多状

态可修系统，其在 t 时刻的性能退化水平用离散状态随机变量 $X(t) \in \mathcal{S}$ 刻画，其中 $\mathcal{S} = \{1, 2, \cdots, m+1\}$ 表示系统所有可能退化状态的集合，数值越大表示系统的健康状态越恶劣，即 1 表示系统刚投入运行，其健康状况处于最好的阶段，$m+1$ 表示系统已经发生失效。进一步，在没有任何外部操作干扰的情况下，假设系统的退化过程可以用 Markov 过程进行描述，即 $\{X_n, n \in \mathbb{N}_0\}$ 为定义在状态空间 $\mathcal{S}$ 上的离散时间齐次 Markov 链，其一步转移概率矩阵记为 $P = [p_{ij}]_{(m+1) \times (m+1)}$，其中 $p_{ij} = \Pr\{X_{n+1} = j \mid X_n = i\}$，$i, j \in \mathcal{S}$，$X_n = X(t_n)$，$\mathbb{N}_0 = 0 \cup \mathbb{N}$。

虽然可以用 X_n 表示系统的退化状态，但是实际上其实现值通常无法准确获取，除非对系统进行相应的检测和监测措施。因此，鉴于系统运行过程的退化状态并不能被准确获知这一情形，利用定义在系统退化状态集合 $\mathcal{S}$ 上的概率分布 $\pi = [\pi_1, \pi_2, \cdots, \pi_{m+1}] \in \Omega$ 代替退化水平以刻画系统所处的状态，其中 π_i 表示系统的退化水平处于第 i 阶段的概率，且 $\Omega = \{\pi : \sum_{i=1}^{m+1} \pi_i = 1, 0 \leqslant \pi_i \leqslant 1, i = 1, 2, \cdots, m+1\}$。这里将该概率分布称为信息状态或知识状态。由于系统在失效后就停止工作，因此管理人员很容易判断系统是否发生失效。显然，当系统仍然在正常运行时有 $\pi_{m+1} = 0$，一旦发生失效则有 $\pi_{m+1} = 1$。

假设当前信息状态为 π，以 $R(\pi)$ 表示系统无故障运行至下一个决策时刻的概率。这里将 $R(\pi)$ 称为系统的可靠性。当没有对系统采取任何维修操作时，可靠性 $R(\pi) = 1 - \sum_{i=1}^{m} \pi_i p_{i,m+1}$。以 $\pi'(\pi)$ 表示系统经过状态转移后的信息状态。若系统仍然没有发生失效，则信息状态 π' 可以通过下式更新，即

$$\pi'_j(\pi) = \begin{cases} \dfrac{\sum\limits_{i=1}^{m} \pi_i p_{ij}}{R(\pi)}, & j = 1, 2, \cdots, m \\ 0, & j = m+1 \end{cases} \tag{3.1}$$

系统的信息状态以概率 $R(\pi)$ 转变成 $\pi'(\pi)$，而以概率 $1 - R(\pi)$ 发生失

效。一旦系统发生失效，其状态为 $e_{m+1} \in \mathbb{R}^{m+1}$，其中 e_{m+1} 表示第 $m+1$ 行为 1 的单位列向量。

为了保持系统的健康状态，在均匀分布的离散时间点 $t_n = n\Delta$ 进行维修操作的决策，其中 $n \in \mathbb{N}_0 = \mathbb{N} \cup \{0\}$，$\Delta$ 为决策时间间隔。这里考虑在每个决策时刻，共有 3 种操作供维修管理人员选择。

(1) 不对系统采取任何操作，而是让其继续运行。在此过程中，一旦发生失效就对其实施替换操作，费用为 c_r。

(2) 以一定的费用 $c_m < \infty$ 对系统进行维修。

(3) 对系统进行检测，所耗费用为 c_o，并且有 $c_m < c_r < \infty$。

为方便，用 $\mathcal{A} = \{0,1,2\}$ 表示全体行动集合，其中 0 表示当前决策时刻不采取任何操作，让系统自主运行至下一决策时刻，1 意味着对系统进行预防性维修，2 表示立即对系统实施退化状态检测。替换可以使系统的健康状态恢复至最高水平，也就是恢复到 1 这个状态。维修的效果通常并不完美，只能以一定的概率 q_{ij} 使系统由退化状态 i 恢复至最高水平 1，以及当前退化水平之间的某个状态 j。这里，$j \le i$，且有 $\sum_{j=1}^{i} q_{ij} = 1$，$0 \le q_{ij} \le 1$，$q_{il} = 0, i < l \le m+1$。此外，维修或替换的时间可以忽略不计。

首先，考虑在一个有限时间长度上的维修问题。若系统当前信息状态为 $\pi \in \Omega$，那么将维修决策过程在剩余 n 个决策周期内产生的期望总代价记为 $V_n(\pi)$。由于维修管理人员做决策的频率很快，因此可以认为折扣因子 β 近似等于 1。此时，最优方程为

$$V_n(\pi) = \min\{\mathrm{NA}_n(\pi), \mathrm{PM}_n(\pi), \mathrm{OB}_n(\pi)\} \tag{3.2}$$

其中

$$\mathrm{NA}_n(\pi) = (c_r + V_{n-1}(e_1))(1 - R(\pi)) + V_{n-1}(\pi'(\pi))R(\pi) \tag{3.3}$$

$$\mathrm{PM}_n(\pi) = c_m + \sum_{i=1}^{m} \pi_i \sum_{j=1}^{i} q_{ij} V_n(e_j) \tag{3.4}$$

$$\mathrm{OB}_n(\pi) = c_o + \sum_{i=1}^{m} \pi_i V_n(e_i) \tag{3.5}$$

式(3.3)表示的是维修管理人员不采取任何操作后产生的维修费用。该式中的第一项表示系统以概率 $1-R(\pi)$ 发生失效，由该失效带来的损失费用为 c_r 和在剩余的 $n-1$ 个决策周期内的期望总代价之和。由于系统在每次更换后，其健康状态恢复至最高水平，因此替换后决策过程的初始状态为 e_1。若系统未发生失效，那么信息状态被更新到 $\pi'(\pi)$。式(3.4)反映维修操作被采用后产生的损失费用。由于维修后系统以概率 q_{ij} 从当前退化水平 i 恢复至 j，因此维修后决策过程的初始状态变为 e_j。式(3.5)反映的是对系统采取检测操作后产生的费用，它包括直接检测费用 c_0 和从检测得到的状态 e_i 开始产生的期望费用。

值得说明的是，如果维修效果是完美的，也就是维修效果矩阵中的 $q_{i1}=1,\ i\in\mathcal{S}'$，那么式(3.4)就退化成文献[11]中的方程。因此，文献[11]研究的情形是本节研究对象的一个特例。

由于系统在每次替换后都能够恢复到最高水平，因此整个过程是单链 Markov 过程。根据 Markov 决策过程的相关理论[18]，可以得到在 n 趋于无穷大的条件下，$V_n(\pi)$ 可以用斜率为 g 且截距为 $b(\pi)$ 的直线对其进行近似刻画，即

$$\lim_{n\to\infty}V_n(\pi)=ng+b(\pi) \tag{3.6}$$

对式(3.2)两边取极限，可得

$$b(\pi)=\min\{b_{\mathrm{NA}}(\pi),b_{\mathrm{PM}}(\pi),b_{\mathrm{PR}}(\pi)\} \tag{3.7}$$

其中

$$b_{\mathrm{NA}}(\pi)=(c_r+b(e_1))(1-R_k(\pi))+b(\pi'(\pi))R(\pi)-g \tag{3.8}$$

$$b_{\mathrm{PM}}(\pi)=c_v+\sum_{i=1}^{m}\pi_i\sum_{j=1}^{i}q_{ij}b(e_j) \tag{3.9}$$

$$b_{\mathrm{OB}}(\pi)=c_0+\sum_{i=1}^{m}\pi_i b(e_i) \tag{3.10}$$

至此，就得到以相对损失 $b(\pi)$ 和单位时间内的期望费用 g 表示的最优方程。

3.2.2 最优维修决策算法

　　下面研究如何利用传统的递归方法求解式(3.7)来获得最优维修策略。这里首先引入样本路径的概念。所谓样本路径是指系统在未受到任何维护的情形下由信息状态 π 出发经过的所有信息状态构成的一个序列。假设系统当前信息状态为 π ，以 $\Omega(\pi) = \{\pi, \pi^2, \cdots, \Pi(\pi)\}$ 表示样本路径，其中 $\pi^l = \pi'(\pi^{l-1}), l \geqslant 2$ ，并且 $\pi^1 = \pi$ 。这里，将 $\Pi(\pi)$ 称为吸收态，并将其定义为 π^L ，其中 $L = \min \{l; \| \pi^{l+1} - \pi^l \| \leqslant \varepsilon\}$ ， $\varepsilon > 0$ 。根据文献[11]可知，在 Markov 链是非周期的情形下，对任意 $\varepsilon > 0$ ， L 总存在。

　　由此可知，对系统实施替换会使其退化过程从状态 e_1 重新开始，而维修操作则使退化过程从退化状态 $e_i (i = 1, 2, \cdots, m)$ 开始，因此可以通过从 e_i 出发的样本路径上全体信息状态的集合 $\Omega' = \bigcup_{i=1}^{m} \Omega(e_i)$ 来近似状态空间 Ω 。于是，只需要利用值迭代或策略迭代算法来确定集合 Ω' 中每一个状态对应的最优维修操作。

　　考虑折扣因子 $\beta \to 1$ ，近似状态空间 Ω' 中的状态个数有限，维修费用皆为有限值，并且 Markov 链为单链，可知式(3.2)和式(3.7)的解存在。考虑策略迭代算法和值迭代算法被广泛用于 Markov 决策过程中最优方程的求解问题[18]，因此考虑利用第 2 章提到的值迭代算法获得偏差值 $b(e_i)(i \in \mathcal{S}')$ 和平均费用 g 。最优维修决策算法(算法 3.1)如下。

算法 3.1　最优维修决策算法

1. 给 $V_0(\pi)(\pi \in \Omega')$ 赋任意初值，再给定 $\varepsilon > 0$ ，并设 $n = 0$ 。

2. 针对状态空间 Ω' 中的任一状态变量，根据式(3.2)获得 $V_{n+1}(\pi)(\pi \in \Omega')$ 的值。

3. 若 $\mathrm{sp}(V_{n+1} - V_n) < \varepsilon$ ，则继续运行至第 4 步；否则，令 $n = n + 1$ ，并返回第 2 步。

4. 针对每一状态变量 $\pi \in \Omega'$ ，找到使式(3.2)成立的最优操作 $a^*(\pi)$ ，并令 $N^* = n$ ，停止运行。

算法中的 V_n 为一由 $V_n(\pi)$ 组成的列向量，记号 $\mathrm{sp}(v) = \max v - \min v$，其中 v 为一有限维列向量。在算法停止后，针对任意 $\pi \in \Omega'$，根据式(3.6)可得

$$V_{N^*+1}(\pi) - V_{N^*}(\pi) = (N^*+1)g + b(\pi) - N^* g - b(\pi) = g \qquad (3.11)$$

因此，通过式(3.11)可以得到平均期望费用 g。根据下式计算得到偏差值 $b(e_i)(i \in \mathcal{S}')$，即

$$b(e_i) \approx V_{N^*+1}(e_i) - (N^*+1)g, \quad i \in \mathcal{S}' \qquad (3.12)$$

3.2.3　数值仿真

本节给出维修效果完美与不完美两类情形下的最优维修策略。一是通过数值算例验证上述维修决策算法的有效性；二是通过对这两种情形的比较说明维修效果完美与否对最优维修策略的影响。假设可以将系统的退化水平分为 4 个等级，即 $m = 3$，定义所研究系统的退化状态转移概率矩阵为

$$P = \begin{bmatrix} 0.895 & 0.1 & 0 & 0.005 \\ 0 & 0.86 & 0.1 & 0.04 \\ 0 & 0 & 0.9 & 0.1 \\ 0 & 0 & 0 & 1 \end{bmatrix}$$

维修效果完美和不完美两种情形下的维修效果矩阵定义为

$$Q_1 = \begin{bmatrix} 1 & 0 & 0 \\ 1 & 0 & 0 \\ 1 & 0 & 0 \end{bmatrix}, \quad Q_2 = \begin{bmatrix} 1 & 0 & 0 \\ 0.95 & 0.05 & 0 \\ 0.9 & 0.075 & 0.025 \end{bmatrix}$$

此外，与维修相关的费用参数包括监测费用 $c_{\mathrm{o}} = 1$、预防性维修费用 $c_m = 30c_{\mathrm{o}}$、失效后替换费用 $c_r = 4c_m$，与算法相关的参数 $\varepsilon = 0.001$。

利用最优维修决策算法，通过计算可以得到维修效果完美和不完美两类情形下单位时间内的期望维修费用分别为 3.87 和 4.004。考虑维修效果时的最优维修策略如图 3.1 所示。

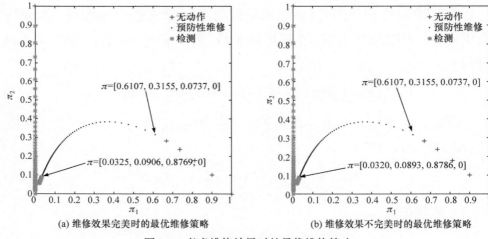

(a) 维修效果完美时的最优维修策略　　　　(b) 维修效果不完美时的最优维修策略

图 3.1　考虑维修效果时的最优维修策略

可以看出，不管维修效果完美与否，都是等待 5 个决策周期后进行预防性维修操作。这是由于在开始阶段系统不存在退化，也就是退化状态为 1。此时，并不需要对系统采取维修操作。因此，维修效果完美与否对此阶段的最优维修策略并不存在影响。但是，维修效果完美情形下，系统采取首次观测时的信息状态为 $\pi = [0.0325, 0.0906, 0.8769, 0]$，对应的决策周期为 94；维修效果不完美情形下，相应的信息状态为 $\pi = [0.0320, 0.0893, 0.8786, 0]$，决策周期为 95。综上所述，维修效果完美与否对最优维修策略存在一定的影响，维修效果不完美情形下的单位时间内期望维修费用比维修效果完美情形下的相应费用要高。

3.3　同时考虑维修次数有限和维修效果不完美时部分可观测系统的最优维修

在 3.2 节的基础上本节主要研究一类维修次数有限且维修效果不完美的多状态系统的最优维修决策问题。监测费用高、结构复杂等原因导致不便对该系统进行连续监测，只能进行非周期性监测，但是每次监测的结果能够准确反映系统的退化状态。目前，只有少部分文献同时考虑维修次数有限和维修效果不完美情形。Fan 等[12]只考虑维修次数有限情形下的多状态系统的最优维修问题，并且系统为完全不可观测。Chen 等[13]通过引入维修效果的影响改进文献[12]中的方法，但是只是在建模阶段考虑维修效果的影响。下面首先对本节要研究的问题进行描述。

3.3.1　问题描述和模型建立

这里研究的部分可观测系统与 3.2.1 节中的系统类似。不同的是，这里的系统只能经受有限次维修，也就是说，每一次维修将影响系统的退化过程。因此，在没有外部干扰的情况下，退化状态构成的 Markov 链的一步状态转移概率与系统所受的维修次数有一定的关系。因此，利用 $P_k = [p_{ij}^k]_{(m+1)\times(m+1)}$ 表示经过 k 次维修后系统的一步转移概率矩阵，其中 $p_{ij}^k = P\{X_{n+1} = j \mid X_n = i, N(t_n) = k\}$。这里，$N(t)$ 为到 t 时刻时已经实施的维修次数，且满足 $0 \leqslant N(t) \leqslant K$，其中 K 为可接受的最多维修次数。为方便，令 $\mathcal{K} = \{0,1,2,\cdots,K\}$，$\mathcal{K}' = \mathcal{K} \setminus \{K\}$。

在每个决策周期的起始时刻，如果 $N(t) \in \mathcal{K}'$，那么有三种维修操作可供决策者选择，即不采取任何操作(NA)、监测操作(OB)、预防性维修(PM)。一旦第 K 次维修被实施后，便不能对系统进行任何预防性维修操作。这也意味着，当 $N(t) = K$ 时，可供选择的维修操作就变成不采取任何操作、监测操作、预防性替换(PR)。需要说明的是，通常情况下系统结构比较复杂，以至于对其进行监测时不能立刻获得其真实的退化状态，因此假设在每个决策周期的开始，只能选择一种维修操作。总的来说，在给定系统当前的信息状态 π 和已经实施的维修次数 k 的前提下，操作空间 $\mathcal{A}(\pi,k)$ 为

$$\mathcal{A}(\pi,k) = \begin{cases} \{\text{NA,OB,PM}\}, & k \in \mathcal{K}' \\ \{\text{NA,OB,PR}\}, & k = K \end{cases}$$

下面对这里涉及的四种维修操作进行解释。

1. 不采取任何操作

该操作表示不采取任何干预措施的情况下让系统继续运行。如果采取该操作，那么系统将以概率 $R_k(\pi) = 1 - \sum_{i=1}^{m} \pi_i p_{i,m+1}^k$ 运行至下一时刻，并且信

息状态由当前的状态 π 转移到下个周期起始时刻的 $\pi'(\pi,k)$。特别地，新的信息状态 $\pi'(\pi,k)$ 可以通过式(3.13)获得，即

$$\pi'_j(\pi,k) = \begin{cases} \dfrac{\sum\limits_{i=1}^m \pi_i p_{ij}^k}{R_k(\pi)}, & j=1,2,\cdots,m \\ 0, & j=m+1 \end{cases} \tag{3.13}$$

若系统以概率 $1-R_k(\pi)$ 发生失效，它将被以一定的代价替换成一个新的系统，新的信息状态变成 e_{m+1}，其中 $e_i=[0,\cdots,1,\cdots,0]$ 为一个第 i 个元素为 1，其他元素为 0 的 $(m+1)\times 1$ 维列向量。

2. 预防性维修

该操作表示以费用 c_{pm} 对系统实施预防性维修。考虑预防性维修是不完美的，即只能将系统当前的退化水平 i 以概率 q_{ij} 恢复到退化程度较轻的状态 $j,j\leqslant i$，其中 $\sum\limits_{j=1}^i q_{ij}=1$，$0\leqslant q_{ij}\leqslant 1$，$q_{il}=0,i<l\leqslant m+1$，$i\in\mathcal{S}'=\mathcal{S}\backslash\{m+1\}$，符号"\"表示去掉其后的元素。由于系统发生失效时能够直接被监测到，并且每个失效替换操作直接将系统的状态恢复到最高水平 1，因此令 $q_{(m+1)1}=1$ 且 $q_{(m+1)j}=0$，$j\in\mathcal{S}'$。这里将矩阵 $Q=[q_{ij}]_{(m+1)\times(m+1)}$ 称为维护效果矩阵，其元素 q_{ij} 与式(3.4)中的 q_{ij} 意义相同。经过预防性维修后，当前系统的退化状态以一定的概率 $\sum\limits_{i=j}^m \pi_i q_{ij}$ 变成退化水平 j。这里假设对预防性维修实施时占用的时间忽略不计，即预防性维修是瞬间完成的。进一步，系统当前的信息状态变成 $[\pi'_1(\pi,k),\pi'_2(\pi,k),\cdots,\pi'_m(\pi,k),0]$，其中 $\pi'_j(\pi,k)=\sum\limits_{i=j}^m \pi_i q_{ij},j=1,2,\cdots,m$。正如前面所述，只有在 $k\in\mathcal{K}'$ 时才考虑预防性维修。

3. 预防性替换

该操作以一定的代价 $c_{\mathrm{pr}}(c_{\mathrm{pm}}<c_{\mathrm{pr}}<c_{\mathrm{fr}}<\infty)$ 和忽略不计的时间将系统的健康状态恢复到最高水平 1。在经过预防性替换后，系统的信息状态就变成 e_1，该操作只有在 $k=K$ 时才能被选择。

4. 监测操作

该操作表示对系统实施监测操作获得系统的真实的退化水平，其消耗的费用为 $c_o(c_o + c_{pr} < c_{ft})$。在实施监测操作后，管理人员可以获得系统的真实退化状态，因此系统的信息状态为 e_i。

考虑监测操作为非周期性维修操作，因此本书利用部分可观测 Markov 决策对该维修决策问题进行建模。通过引入新的状态 $(\pi,k) \in \Omega \times \mathcal{K}$ 作为该决策过程的状态，将问题转换成 Markov 决策过程模型。首先，在有限时间长度上考虑该维修问题。令 $V_n(\pi,k)$ 表示在对系统实施 k 次维修且当前信息状态为 $\pi \in \Omega$ 时，剩余 n 个决策周期内的期望费用率。由于维修管理人员做决策的频率很快，可以认为折扣因子 β 近似等于 1，因此最优方程为

$$V_n(\pi,k) = \min\{\mathrm{NA}_n(\pi,k), \mathrm{PX}_n(\pi,k), \mathrm{OB}_n(\pi,k)\} \tag{3.14}$$

其中

$$\mathrm{NA}_n(\pi,k) = (c_{ft} + V_{n-1}(e_1,0))(1 - R_k(\pi)) + V_{n-1}(\pi'(\pi,k),k)R_k(\pi), \quad k \in \mathcal{K} \tag{3.15}$$

$$\mathrm{OB}_n(\pi,k) = c_o + \sum_{i=1}^{m} \pi_i V_n(e_i,k), \quad k \in \mathcal{K} \tag{3.16}$$

$$\mathrm{PX}_n(\pi,k) = \begin{cases} \mathrm{PM}_n(\pi,k), & k \in \mathcal{K}' \\ \mathrm{PR}_n(\pi,k), & k = K \end{cases} \tag{3.17}$$

$$\mathrm{PM}_n(\pi,k) = c_{pm} + \sum_{i=1}^{m} \pi_i \sum_{j=1}^{i} q_{ij} V_n(e_j, k+1) \tag{3.18}$$

$$\mathrm{PR}_n(\pi,K) = c_{pr} + V_n(e_1,0) \tag{3.19}$$

式(3.15)表示由 NA 产生的期望费用。该式的右边第一项表示当系统以概率 $1 - R_k(\pi)$ 发生失效引起的费用。当进行失效替换后，Markov 决策过程的状态变成 $(e_1,0)$，因此与失效相关的费用包括由失效替换引起的费用 c_{ft} 和在剩余 $n-1$ 个决策周期内发生的费用 $V_{n-1}(e_1,0)$。该式的右边第二项为系统以概率 $R_k(\pi)$ 继续运行至下一决策时刻发生的相关费用。在后面这种情况下，

信息状态更新为 $\pi'(\pi,k)$，而已经完成的维修次数仍然为 k。因此，正常运行至下一决策时刻时，Markov 决策过程的状态更新为 $(\pi'(\pi,k),k)$。相应地，在剩余 $n-1$ 个决策周期内发生的费用可以用表达式 $V_{n-1}(\pi'(\pi,k),k)$ 表示。式(3.16)表明，监测操作带来的费用包括由监测引起的直接费用 c_o 和监测获得的退化状态在未来发生的费用 $\sum\limits_{i=1}^{m}\pi_i V_n(e_i,k)$。式(3.18)计算由预防性维修引起的期望损失费用。该式等号右边的第一项为直接费用 c_pm，第二项则为剩余 n 个决策周期内发生的期望费用。具体来说，经过预防性维修后，信息状态以概率 $\pi_i q_{ij}$ $(i=1,2,\cdots,m; j=1,2,\cdots,i)$ 更新成 e_j，而已实施的预防性维修次数则在原来的基础上增加 1，因此 Markov 决策过程的状态以概率 $\pi_i q_{ij}$ 更新为 $(e_j,k+1)$。在此基础上，可以获得与预防性维修相关的完整期望费用。式(3.19)反映与预防性替换相关的期望费用，即包括由预防性替换引起的直接费用 c_pr 和从状态 $(e_1,0)$ 开始的将来发生的费用。

由于失效替换和预防性替换都能使系统修复如新，因此该 Markov 决策过程为单链[11]。对每一个状态 $(\pi,k)\in\Omega\times\mathcal{K}$，根据 Markov 决策过程相关理论[18]，同样存在

$$\lim_{n\to\infty}V_n(\pi,k)=ng+b(\pi,k) \tag{3.20}$$

其中，g 为平均费用；$b(\pi,k)$ 为最优维修策略下从状态 (π,k) 出发时引起的相对偏差项。

令式(3.14)中的 n 趋于无穷，式(3.20)代入其中可得

$$b(\pi,k)=\min\{b_\mathrm{NA}(\pi,k),b_\mathrm{PX}(\pi,k),b_\mathrm{OB}(\pi,k)\} \tag{3.21}$$

其中

$$b_\mathrm{NA}(\pi,k)=(c_\mathrm{fr}+b(e_1,0))(1-R_k(\pi))+b(\pi'(\pi,k),k)R_k(\pi)-g,\quad k\in\mathcal{K} \tag{3.22}$$

$$b_\mathrm{OB}(\pi,k)=c_\mathrm{o}+\sum_{i=1}^{m}\pi_i b(e_i,k),\quad k\in\mathcal{K} \tag{3.23}$$

$$b_\mathrm{PX}(\pi,k)=\begin{cases}b_\mathrm{PM}(\pi,k),& k\in\mathcal{K}'\\ b_\mathrm{PR}(\pi,k),& k=K\end{cases} \tag{3.24}$$

$$b_{\mathrm{PM}}(\pi, k) = c_{\mathrm{pm}} + \sum_{i=1}^{m} \pi_i \sum_{j=1}^{i} q_{ij} b(e_j, k+1) \tag{3.25}$$

$$b_{\mathrm{PR}}(\pi, K) = c_{\mathrm{pr}} + b(e_1, 0) \tag{3.26}$$

建立最优方程后，剩下的工作就是对其进行求解。如果状态空间中的状态数量有限，就可以直接利用传统的策略迭代或值迭代算法对其进行求解，进而获得最优策略。然而，信息状态各分量是连续变量，因此构成的信息状态空间 Ω 的维数无限大，进而无法直接利用传统的算法对最优方程进行求解。为了解决该问题，依旧采用样本路径概念，不同之处在于这里需要考虑已实施维修次数的影响。具体来说，假设系统当前的信息状态为 π 且已经过 k 次维修，将从信息状态 π 出发的样本路径记为 $\Omega_\pi^k = \{\pi, \pi_k^2, \cdots, \pi_k^l, \cdots\}$，其中 $\pi_k^l = \pi'(\pi_k^{l-1}, k), l \geq 2$，且 $\pi_k^1 = \pi$。同样，如果 Markov 链为非周期的，那么样本路径最终会收敛到吸收态 $\pi_k^{L_k}$，这里 $L_k = \min\{l; \| \pi_k^{l+1} - \pi_k^l \| \leq \varepsilon\}$，$\varepsilon > 0$。考虑监测操作和不完美预防性维修操作都只能使过程从状态 $e_i(i = 1, 2, \cdots, m)$ 重新开始，假设初始时刻的退化状态已知，初始的信息状态即集合 $\Psi = \{e_1, e_2, \cdots, e_m\}$ 中的某一个。因此，可以将信息状态空间缩小为 $\Omega'(\Psi) = \bigcup_{\pi \in \Psi, k \in \mathcal{K}} \Omega_\pi^k$，而该空间是有限的。在将集合 Ω 近似成 $\Omega'(\Psi)$ 后，传统的策略迭代或值迭代算法就可以对其进行求解。为了设计出更高效的求解算法，有必要对最优策略的结构性质进一步研究。

3.3.2　结构特性

本小节主要研究最优值函数的相关结构性质，以便设计更有效的求解算法来降低计算成本。下面首先给出必要的基本结论和主要假设，然后在此基础上推导最优值函数的结构特性。

1. 主要假设和基本结论

下面给出理论推导过程中涉及的一些假设、定义和基本结论[11,13,19]。需要说明的是，其中部分内容也曾出现在第 2 章，为了保证本部分内容的完整性，仍然进行简明扼要的介绍。

定义 3.1[11]　　若 $\sum_{i>k} \pi_i \leqslant \sum_{i>k} \hat{\pi}_i$，$k = 1, 2, \cdots, m+1$，则称信息状态 π 随机小于信息状态 $\hat{\pi}$，记为 $\pi \prec_{\text{st}} \hat{\pi}$。

定义 3.2[11]　　若 $\pi_i \hat{\pi}_j \geqslant \pi_j \hat{\pi}_i$ 对所有 $j \geqslant i$ 都成立，则称信息状态 π 在可能性上小于信息状态 $\hat{\pi}$，记为 $\pi \prec_{\text{lr}} \hat{\pi}$。

定义 3.3[19]　　若 $\sum_{j>k} p_{i,j} \leqslant \sum_{j>k} p_{i',j}$ 对 $i \leqslant i'$ 和 $\forall k$ 成立，则称概率矩阵 P 具有 IFR。

定义 3.4[19]　　若 $p_{ij} p_{i'j'} \geqslant p_{i'j} p_{ij'}$，$\forall i' \geqslant i, j' \geqslant j$，则称概率矩阵 P 为全正二序。

命题 3.1[19]　　①若 $\pi \prec_{\text{lr}} \hat{\pi}$，则 $\pi \prec_{\text{st}} \hat{\pi}$；②若 P 为 TP2 矩阵，则 P 具有 IFR 性质。

为了便于讨论，下面给出与转移概率矩阵 P_k 相关的三条假设。

假设 3.1　　若 P_k 为 TP2 矩阵，即对任意 $1 \leqslant i \leqslant j \leqslant m+1$，有 $p_{i,:}^k \prec_{\text{lr}} p_{j,:}^k$，其中 $p_{i,:}^k$ 为矩阵 P_k 的第 i 个行向量，$k \in \mathcal{K}$。

假设 3.2　　若 $k_1 \leqslant k_2$，$k_1, k_2 \in \mathcal{K}$，则当 $j \leqslant i$ 时，$p_{ij}^{k_1} \geqslant p_{ij}^{k_2}$；当 $j > i$ 时，$p_{ij}^{k_1} \leqslant p_{ij}^{k_2}$。进一步，对任意 $i \in \mathcal{S}$，有 $p_{i,:}^{k_1} \prec_{\text{lr}} p_{i,:}^{k_2}$。

假设 3.3　　若 $i_1 \leqslant i_2$，则 $q_{i_1,:} \prec_{\text{st}} q_{i_2,:}$ 成立，其中 $q_{i_1,:}$ 和 $q_{i_2,:}$ 为维修效果矩阵 Q 的第 i_1、i_2 行向量，$i_1, i_2 \in \mathcal{S}'$。

假设 3.1 表明，两个经过同样维修次数的系统，当前处于较高退化水平 j 的系统比处于较低退化水平 i（$i \leqslant j$）的系统更容易发生退化。与假设 3.1 类似，假设 3.2 表明处于同样退化水平的两个系统，经过较多维修次数的系统更容易发生劣化。假设 3.3 将维修效果矩阵与对系统已实施的维修次数联系了起来。在对系统实施维修操作后，处于较低退化水平的系统更易于恢复到更低的退化水平，也就是说，系统退化程度越高，越难以修复。

在给出本节结论之前，先引入一些常用的结论。

命题 3.2[5]　　针对任意列向量 v，若其分量满足 $v_i \leqslant v_{i+1}$，$\forall i$，则当 $\pi \prec_{\text{st}} \hat{\pi}$ 时，有 $\pi v \leqslant \hat{\pi} v$。

根据命题 3.2，可以获得与系统可靠性相关的结论，即命题 3.3。

命题 3.3 ①若假设 3.1 成立，则当 $\pi \prec_{st} \hat{\pi}$ 时，有 $R_k(\pi) \geqslant R_k(\hat{\pi})$ ，$k \in \mathcal{K}$ ；②若假设 3.2 成立，则对 $\forall \pi \in \Omega$ ， $R_k(\pi)$ 关于 $k \in \mathcal{K}$ 非增。

证明：①的证明可以参考文献[11]，这里只对第②部分进行证明。

根据假设 3.2，对 $k_1 < k_2$ 和 $i = 1, 2, \cdots, m+1$ ，有 $p_{i,m+1}^{k_1} \leqslant p_{i,m+1}^{k_2}$ 。因此

$$R_{k_1}(\pi) = 1 - \sum_{i=1}^{m} \pi_i p_{i,m+1}^{k_1} \geqslant 1 - \sum_{i=1}^{m} \pi_i p_{i,m+1}^{k_2} = R_{k_2}(\pi) \tag{3.27}$$

这意味着，$R_k(\pi)$ 在给定信息状态 π 时，关于维修次数 $k \in \mathcal{K}$ 单调非减。证毕。

事实上，命题 3.3 与人们的直观认识是一致的，即退化程度低的系统具有更高的可靠性，被维修过较多次的系统完成规定功能的能力更低。

命题 3.4 ①若假设 3.1 满足，则对 $\pi \prec_{lr} \hat{\pi}$ 和给定的 $k \in \mathcal{K}$ ，有 $\pi'(\pi, k) \prec_{lr} \pi'(\hat{\pi}, k)$ ；②若假设 3.1 和假设 3.2 同时成立，则对 $k_1 \leqslant k_2$ 和 $\pi \in \Omega$ ，有 $\pi'(\pi, k_1) \prec_{lr} \pi'(\pi, k_2)$ 。

证明：当 k 固定时，①的证明可以参考文献[11]，这里只对第②部分进行证明。

对 $k_1 \leqslant k_2$ 和 $l \geqslant i$ ，根据假设 3.1 和假设 3.2，有 $p_{i,:}^{k_1} \prec_{lr} p_{i,:}^{k_2} \prec_{lr} p_{l,:}^{k_2}$ ，这进一步表明对 $j' \geqslant j$ ，不等式 $p_{ij}^{k_1} p_{lj'}^{k_2} \geqslant p_{ij'}^{k_1} p_{lj}^{k_2}$ 成立。因此

$$\begin{aligned} 0 &\leqslant \sum_{i=1}^{m} \sum_{l=1}^{m} \pi_i \pi_l (p_{ij}^{k_1} p_{lj'}^{k_2} - p_{ij'}^{k_1} p_{lj}^{k_2}) \\ &= \sum_{i=1}^{m} \sum_{l=1}^{m} \pi_i \pi_l p_{ij}^{k_1} p_{lj'}^{k_2} - \sum_{i=1}^{m} \sum_{l=1}^{m} \pi_i \pi_l p_{ij'}^{k_1} p_{lj}^{k_2} \\ &= \sum_{i=1}^{m} \pi_i p_{ij}^{k_1} \sum_{l=1}^{m} \pi_l p_{lj'}^{k_2} - \sum_{i=1}^{m} \pi_i p_{ij'}^{k_1} \sum_{l=1}^{m} \pi_l p_{lj}^{k_2} \end{aligned} \tag{3.28}$$

由于系统失效时能被立即发现，因此当系统工作时其可靠性不可能为 0，即 $R_{k_1}(\pi) \neq 0$ ， $R_{k_2}(\pi) \neq 0$ 。可得

$$\begin{aligned} 0 &\leqslant \frac{\sum_{i=1}^{m} \pi_i p_{ij}^{k_1} \sum_{l=1}^{m} \pi_l p_{lj'}^{k_2}}{R_{k_1}(\pi) R_{k_2}(\pi)} - \frac{\sum_{i=1}^{m} \pi_i p_{ij'}^{k_1} \sum_{l=1}^{m} \pi_l p_{lj}^{k_2}}{R_{k_1}(\pi) R_{k_2}(\pi)} \\ &= \pi_j'(\pi, k_1) \pi_{j'}'(\pi, k_2) - \pi_{j'}'(\pi, k_1) \pi_j'(\pi, k_2) \end{aligned}$$

这表明，当给定 $\pi \in \Omega$ ，且 $k_1 \leqslant k_2$ 时，不等式 $\pi'(\pi, k_1) \prec_{\mathrm{lr}} \pi'(\pi, k_2)$ 成立。证毕。

命题 3.4 表明，按 $\prec_{\mathrm{lr}}$ 序排列的信息状态在经过状态转移后仍然保持原来的 $\prec_{\mathrm{lr}}$ 序。进一步，根据命题 3.4，从任意信息状态 $\pi \in \Omega$ 开始的样本路径，当 $\pi \prec_{\mathrm{lr}} \pi'(\pi, k)$ 时具有命题 3.5 描述的性质。

命题 3.5 设假设 3.1 和假设 3.2 同时成立，对任意信息状态 $\pi \in \Omega$ ，若 $\pi \prec_{\mathrm{lr}} \pi'(\pi, k)$ ，则由信息状态 π 开始的样本路径上的每一个样本点满足不等式 $\pi = \pi_k^1 \prec_{\mathrm{lr}} \cdots \prec_{\mathrm{lr}} \pi_k^{L_k}$ 。

该命题显然可以根据命题 3.4 的第一部分结论直接获得，因此这里不再详述。

引理 3.1 设假设 3.1 和 3.3 同时成立。① $b(\pi, K)$ 关于信息状态 π 按 $\prec_{\mathrm{lr}}$ 序非递减；②若不等式 $b(e_m, k) \leqslant c_{\mathrm{fr}} + b(e_1, 0)$ 成立，则对任意给定 $k \in \mathcal{K}'$ ，$b(\pi, k)$ 关于 π 按 $\prec_{\mathrm{lr}}$ 序非递减。

证明：下面对命题的两个部分同时进行证明。根据式(3.20)，$b(\pi, k)$ 可通过对 $V_n(\pi, k)$ 两边分别取极限获得。因此，若要证明 $b(\pi, k)$ 的单调性，则可以通过证明 $V_n(\pi, k)$ 关于 π 按 $\prec_{\mathrm{lr}}$ 序非递减来实现，其中 $n = 1, 2, \cdots$ 且 $k \in \mathcal{K}$ 。进一步，由于非递减函数的最小值构成的函数仍然非递减，因此只需证明与每种操作相关的函数 $\mathrm{NA}_n(\pi, k)$ 、$\mathrm{PX}_n(\pi, k)$ 和 $\mathrm{OB}_n(\pi, k)$ 都关于 π 非递减。这里通过归纳法实现对这三个函数非递减性质的证明。首先，不失一般性，当 $n = 0$ 时，对任意 $\pi \in \Omega, k \in \mathcal{K}$ ，令 $V_0(\pi, k) = 0$ 。然后，假设 $V_{n-1}(\pi, k)$ 在 $k \in \mathcal{K}$ 给定前提下仍然关于 π 非递减。最后，证明 $V_n(\pi, k)$ 也关于 π 非递减。

下面讨论 $\mathrm{NA}_n(\pi, k)$ 关于 π 的单调性。假设 $\pi_1 \prec_{\mathrm{lr}} \pi_2$ ，若 $k = K$ ，则根据命题 3.3 和命题 3.4，可得

$$
\begin{aligned}
\mathrm{NA}_n(\pi_1, k) &= (c_{\mathrm{fr}} + V_{n-1}(e_1, 0))(1 - R_k(\pi_1)) + V_{n-1}(\pi'(\pi_1, k), k)R_k(\pi_1) \\
&\leqslant (c_{\mathrm{fr}} + V_{n-1}(e_1, 0))(1 - R_k(\pi_1)) + V_{n-1}(\pi'(\pi_2, k), k)R_k(\pi_1) \\
&= (c_{\mathrm{fr}} + V_{n-1}(e_1, 0)) + (V_{n-1}(\pi'(\pi_2, k), k) - c_{\mathrm{fr}} - V_{n-1}(e_1, 0))R_k(\pi_1)
\end{aligned}
\tag{3.29}
$$

进而可得

$$
\mathrm{NA}_n(\pi_1, k) \leqslant (c_{\mathrm{fr}} + V_{n-1}(e_1, 0)) + (V_{n-1}(\pi'(\pi_2, k), k) - c_{\mathrm{fr}} - V_{n-1}(e_1, 0))R_k(\pi_2)
$$

$$= (c_{\text{fr}} + V_{n-1}(e_1, 0))(1 - R_k(\pi_2)) + V_{n-1}(\pi'(\pi_2, k), k)R_k(\pi_2)$$

$$= \text{NA}_n(\pi_2, k) \tag{3.30}$$

这表明，$\text{NA}_n(\pi, K)$ 关于 π 非递减。式(3.29) 可由归纳假设和命题 3.4 获得，并且对所有 $k \in \mathcal{K}$ 成立。根据命题 3.3 和 $V_{n-1}(\pi'(\pi_2, K), K) \leqslant c_{\text{pr}} + V_{n-1}(e_1, 0) < c_{\text{fr}} + V_{n-1}(e_1, 0)$ 可得到式(3.30)。然而，对任意 $k \in \mathcal{K}'$，根据归纳假设，有 $V_{n-1}(\pi'(\pi_2, k), k) \leqslant V_{n-1}(e_m, k)$。因此，若 $V_{n-1}(e_m, k) \leqslant c_{\text{fr}} + V_{n-1}(e_1, 0)$，则有 $V_{n-1}(\pi'(\pi_2, k), k) \leqslant c_{\text{fr}} + V_{n-1}(e_1, 0)$，这便使式(3.30)成立。对任意固定的 $k \in \mathcal{K}'$，如果 $V_{n-1}(e_m, k) \leqslant c_{\text{fr}} + V_{n-1}(e_1, 0)$ 成立，那么 $\text{NA}_n(\pi, k)$ 关于 π 非递减。下面对 $\text{PX}_n(\pi, k)$ 函数的单调性进行讨论。显然，$\text{PR}_n(\pi, K)$ 为常数，那么它自然关于 π 非递减。因此，只需要研究 $k \in \mathcal{K}'$ 时，$\text{PM}_n(\pi, k)$ 关于信息状态 π 的单调性。首先，研究 $V_n(e_i, K)$ 关于下标 i 的单调性入手。根据式(3.23) 可知，$\text{OB}_n(e_i, k) = c_o + V_n(e_i, k) > V_n(e_i, k)$，这使 $V_n(e_i, k) = \min\{\text{NA}_n(e_i, k), \text{PX}_n(e_i, k)\}$ 成立。由于 $\text{NA}_n(\pi, K)$ 关于信息状态 π 非递减，且 $\text{PR}_n(\pi, K)$ 为常数，因此很明显 $V_n(e_i, K)$ 关于下标 i 非递减。根据命题 3.2 和假设 3.3，可以推断出当 $i_1 \leqslant i_2$ 时，$\sum_{j=1}^{m} q_{i_1 j} V_n(e_j, K) \leqslant \sum_{j=1}^{m} q_{i_2 j} V_n(e_j, K)$ 成立。这进一步表明，当 $\pi_1 \prec_{\text{lr}} \pi_2$ 时，$\text{PM}_n(\pi_1, K-1) \leqslant \text{PM}_n(\pi_2, K-1)$ 成立。因此，当 $V_{n-1}(e_m, K-1) \leqslant c_{\text{fr}} + V_{n-1}(e_1, 0)$ 时，值函数 $V_n(e_i, K-1)$ 关于 i 非递减。类似地，可以依次获得，在 $V_{n-1}(e_m, k) \leqslant c_{\text{fr}} + V_{n-1}(e_1, 0)$ 条件下，$\text{PM}_n(\pi, k)$ 和 $V_n(e_i, k)(k = K-2, K-3, \cdots, 1)$ 都关于信息状态 π 按 $\prec_{\text{lr}}$ 序非递减。综上可知，当维修次数 $k \in \mathcal{K}'$ 给定时，$\text{PR}_n(\pi, K)$ 关于信息状态 π 非递减，并且当 $V_{n-1}(e_m, k) \leqslant c_{\text{fr}} + V_{n-1}(e_1, 0)$ 时，$\text{PM}_n(\pi, k)$ 也关于信息状态 π 非递减。进一步，一旦给定 $V_n(e_i, k)$ 为关于下标 i 的非递减函数的事实，便可以根据命题 3.2 得到 $\text{OB}_n(\pi_1, k) = c_o + \sum_{i=1}^{m} \pi_{1,i} V_n(e_i, k) \leqslant c_o + \sum_{i=1}^{m} \pi_{2,i} V_n(e_i, k) = \text{OB}_n(\pi_2, k)$，进而得出 $\text{OB}_n(\pi, k)$ 关于信息状态 π 非递减。因此，根据数学归纳法可知，对所有 n，$V_n(\pi, K)$ 关于信息状态 π 非递减，引理的第①部分得证。对 $k \in \mathcal{K}'$，若 $V_{n-1}(e_m, k) \leqslant c_{\text{fr}} + V_{n-1}(e_1, 0)$ 对所有 n 成立，则根据归纳法可知，$V_n(\pi, k)$ 也关

于信息状态 π 非递减，即引理的第②部分得证。证毕。

引理 3.1 表明，在已维修次数给定的前提下，系统的性能退化越恶劣，最优的期望总费用越高。

2. 操作空间边界表达式

下面进一步讨论最优预防性维修对应区域的边界表达式和其他结构特性。这里将与状态 (π, k) 相对应的最优维修操作记为 $a^*(\pi, k)$。

引理 3.2 对任意 $k \in \mathcal{K}$，定义偏差向量 $b_k = [b(e_1, k), b(e_2, k), \cdots, b(e_{m+1}, k)]'$，同时对 $k \in \mathcal{K}'$，定义集合 $\Omega_{\mathrm{NA}<\mathrm{PM}}^k = \{\pi; (\pi' Q b_{k+1} - c_{\mathrm{fr}} + c_{\mathrm{pm}} - b(e_1, 0)) R_k(\pi) \leqslant \pi Q b_{k+1} - c_{\mathrm{fr}} + c_{\mathrm{pm}} - b(e_1, 0) + g\}$。①若 $\pi \in \Omega_{\mathrm{NA}<\mathrm{PM}}^k$，则 $a^*(\pi, k) \neq$ PM；②若假设 3.1 和假设 3.3 同时满足，$R_K(\pi) \geqslant 1 - g/(c_{\mathrm{fr}} - c_{\mathrm{pr}})$ 成立，则 $a^*(\pi, K) \neq$ PR；否则，当 $\pi \prec_{\mathrm{lr}} \pi'(\pi, k)$ 时，$a^*(\pi, K) \neq$ NA。

证明：首先将 $b_{\mathrm{NA}}(\pi, k)$ 与 $b_{\mathrm{PX}}(\pi, k)$ 进行比较。若 $k \in \mathcal{K}'$，则有

$$b_{\mathrm{NA}}(\pi, k) - b_{\mathrm{PM}}(\pi, k)$$

$$= (c_{\mathrm{fr}} + b(e_1, 0))(1 - R_k(\pi)) + b(\pi'(\pi, k), k) R_k(\pi) - g - c_{\mathrm{pm}} - \sum_{i=1}^{m} \pi_i \sum_{j=1}^{i} q_{ij} b(e_j, k+1)$$

$$= (c_{\mathrm{fr}} + b(e_1, 0) - c_{\mathrm{pm}} - \pi Q b_{k+1})(1 - R_k(\pi)) - g + (b(\pi'(\pi, k), k) - c_{\mathrm{pm}} - \pi Q b_{k+1}) R_k(\pi)$$

$$= (c_{\mathrm{fr}} - c_{\mathrm{pm}} + b(e_1, 0) - \pi Q b_{k+1})(1 - R_k(\pi)) - g + (b(\pi'(\pi, k), k)$$
$$\quad - c_{\mathrm{pm}} - \pi' Q b_{k+1}) R_k(\pi) n + (\pi' Q b_{k+1} - \pi Q b_{k+1}) R_k(\pi)$$

$$= (c_{\mathrm{fr}} - c_{\mathrm{pm}} + b(e_1, 0))(1 - R_k(\pi)) - \pi Q b_{k+1}(1 - R_k(\pi)) - g + (b(\pi'(\pi, k), k)$$
$$\quad - c_{\mathrm{pm}} - \pi' Q b_{k+1}) R_k(\pi) + (\pi' Q b_{k+1} - \pi Q b_{k+1}) R_k(\pi)$$

$$= (c_{\mathrm{fr}} - c_{\mathrm{pm}} + b(e_1, 0))(1 - R_k(\pi)) - \pi Q b_{k+1} + \pi' Q b_{k+1} R_k(\pi) - g$$
$$\quad + (b(\pi'(\pi, k), k) - c_{\mathrm{pm}} - \pi' Q b_{k+1}) R_k(\pi)$$

$$= (c_{\mathrm{fr}} - c_{\mathrm{pm}} + b(e_1, 0) - \pi Q b_{k+1}) - g + R_k(\pi)(\pi' Q b_{k+1} - c_{\mathrm{fr}} + c_{\mathrm{pm}}$$
$$\quad - b(e_1, 0)) + (b(\pi'(\pi, k), k) - c_{\mathrm{pm}} - \pi' Q b_{k+1}) R_k(\pi)$$

由式(3.21)可以推断，$b(\pi'(\pi, k), k) \leqslant c_{\mathrm{pm}} + \pi' Q b_{k+1}$，因此 $b_{\mathrm{NA}}(\pi, k) \leqslant b_{\mathrm{PM}}(\pi, k)$ 在 $(c_{\mathrm{fr}} - c_{\mathrm{pm}} + b(e_1, 0) - \pi Q b_{k+1}) - g + R_k(\pi)(\pi' Q b_{k+1} - c_{\mathrm{fr}} + c_{\mathrm{pm}} - b(e_1, 0)) \leqslant 0$ 时成立，也就是说，相对于预防性维修而言，更倾向于选择不采取任何维修操作。

对 $k = K$ 这一特殊情形，有

$$b_{\mathrm{NA}}(\pi, K) - b_{\mathrm{PR}}(\pi, K)$$
$$= (c_{\mathrm{fr}} + b(e_1, 0))(1 - R_K(\pi)) + b(\pi'(\pi, K), K)R_K(\pi) - g - c_{\mathrm{pr}} - b(e_1, 0)$$
$$= (c_{\mathrm{fr}} - c_{\mathrm{pr}})(1 - R_K(\pi)) - g + (b(\pi'(\pi, K), K) - c_{\mathrm{pr}} - b(e_1, 0))R_K(\pi)$$

显然，$b(\pi'(\pi, K), K) < c_{\mathrm{pr}} + b(e_1, 0)$。因此，若不等式 $(c_{\mathrm{fr}} - c_{\mathrm{pr}})(1 - R_K(\pi)) - g \leqslant 0$，或其等价不等式 $R_K(\pi) \geqslant 1 - g / (c_{\mathrm{fr}} - c_{\mathrm{pr}})$ 成立，则 $b_{\mathrm{NA}}(\pi, K) < b_{\mathrm{PR}}(\pi, K)$。针对特殊情形 $R_K(\pi) < 1 - g / (c_{\mathrm{fr}} - c_{\mathrm{pr}})$，若 $a^*(\pi, K) = \mathrm{NA}$，则有

$$b(\pi'(\pi, K), K) - b(\pi, K)$$
$$= b(\pi'(\pi, K), K) - (c_{\mathrm{fr}} + b(e_1, 0))(1 - R_K(\pi))$$
$$\quad - b(\pi'(\pi, K), K)R_K(\pi) + g$$
$$= (b(\pi'(\pi, K), K) - c_{\mathrm{pr}} - b(e_1, 0))(1 - R_K(\pi))$$
$$\quad - (c_{\mathrm{fr}} - c_{\mathrm{pr}})(1 - R_K(\pi)) + g$$
$$< 0$$

这与 $\pi \prec_{\mathrm{lr}} \pi'(\pi, K)$ 时得到的不等式 $b(\pi'(\pi, K), K) \geqslant b(\pi, K)$ 冲突。因此，在 $\pi \prec_{\mathrm{lr}} \pi'(\pi, K)$ 和 $R_K(\pi) \geqslant 1 - g / (c_{\mathrm{fr}} - c_{\mathrm{pr}})$ 时，最优维修操作不可能是不采取任何维修操作。证毕。

推论 3.1　设假设 3.1 成立，且有 $c_{\mathrm{pm}} + b(e_m, k) \leqslant c_{\mathrm{fr}} + b(e_1, 0)$，$k \in \mathcal{K}'$。若不等式 $R_k(\pi) \geqslant (c_{\mathrm{fr}} + b(e_1, 0) - c_{\mathrm{pm}} - \pi Q b_{k+1} - g) / (c_{\mathrm{fr}} + b(e_1, 0) - c_{\mathrm{pm}} - \pi' Q b_{k+1})$，则 $a^*(\pi, k) \neq \mathrm{PM}$；否则，当 $R_k(\pi) \leqslant 1 - g / (c_{\mathrm{fr}} + b(e_1, 0) - c_{\mathrm{pm}} - \pi' Q b_{k+1})$ 且 $\pi \prec_{\mathrm{lr}} \pi'(\pi, k)$ 时，$a^*(\pi, k) \neq \mathrm{NA}$。

证明：根据推论的假设条件，易知 $b(e_m, k) < c_{\mathrm{pm}} + b(e_m, k) \leqslant c_{\mathrm{fr}} + b(e_1, 0)$，由引理 3.1 可知，$c_{\mathrm{pm}} + \pi' Q b_{k+1} \leqslant c_{\mathrm{pm}} + e_m Q b_{k+1} = c_{\mathrm{pm}} + \sum_{j=1}^{m} q_{mj} b(e_j, k+1) \leqslant c_{\mathrm{pm}} + b(e_m, k+1) \leqslant c_{\mathrm{fr}} + b(e_1, 0)$。因此，该推论的前半部分可以直接根据引理 3.3 获得。对于不等式 $R_k(\pi) \leqslant 1 - g / (c_{\mathrm{fr}} + b(e_1, 0) - c_{\mathrm{pm}} - \pi' Q b_{k+1})$ 成立时的情形，若 $a^*(\pi, k) = \mathrm{NA}$，则有

$$b(\pi'(\pi,k),k) - b(\pi,k)$$
$$= b(\pi'(\pi,k),k) - (c_{fr} + b(e_1,0))(1 - R_k(\pi))$$
$$- b(\pi'(\pi,k),k)R_k(\pi) + g$$
$$= (b(\pi'(\pi,k),k) - c_{pm} - \pi'Qb_{k+1})(1 - R_k(\pi)) - (c_{fr} + b(e_1,0)$$
$$- c_{pm} - \pi'Qb_{k+1})(1 - R_k(\pi)) + g$$
$$< 0$$

同样与 $\pi \prec_{lr} \pi'(\pi,k)$ 时获取的不等式 $b(\pi'(\pi,k),k) \geq b(\pi,k)$ 矛盾。因此，当不等式 $R_k(\pi) \leq 1 - g/(c_{fr} + b(e_1,0) - c_{pm} - \pi'Qb_{k+1})$ 时，最优维修操作不可能是不采取任何维修操作。证毕。

引理 3.3 ① 记 $\Omega^k_{OB<PM} = \{\pi; \pi(b_k - Qb_{k+1}) \leq c_{pm} - c_o\}$，$k \in \mathcal{K}'$，若 $\pi \in \Omega^k_{OB<PM}$，则 $a(\pi,k) \neq PM$；否则，$a(\pi,k) \neq OB$。② 若 $\pi b_K < c_{pr} + b(e_1,0) - c_o$，则 $a(\pi,K) \neq PR$；否则，$a(\pi,K) \neq OB$。

证明：首先对任意状态 (π,k)，$k \in \mathcal{K}'$，将 $b_{OB}(\pi,k)$ 与 $b_{PM}(\pi,k)$ 进行比较，即

$$b_{OB}(\pi,k) - b_{PM}(\pi,k)$$
$$= c_o + \sum_{i=1}^{m} \pi_i b(e_i,k) - c_{pm} - \sum_{i=1}^{m} \pi_i \sum_{j=1}^{i} q_{ij} b(e_j,k+1)$$
$$= c_o - c_{pm} + \pi b_k - \pi Q b_{k+1}$$
$$= c_o - c_{pm} + \pi(b_k - Qb_{k+1})$$

因此，若 $\pi(b_k - Qb_{k+1}) \leq c_{pm} - c_o$ 成立，则 $b_{OB}(\pi,k) \leq b_{PM}(\pi,k)$，否则 $b_{OB}(\pi,k) > b_{PM}(\pi,k)$。

然后，对 (π,K) 时的 $b_{OB}(\pi,K)$ 与 $b_{PR}(\pi,K)$ 进行比较分析。显然，有 $b_{OB}(\pi,K) - b_{PR}(\pi,K) = c_o + \sum_{i=1}^{m} \pi_i b(e_i,K) - c_{pr} - b(e_1,0) = \pi b_K + c_o - c_{pr} - b(e_1,0)$。因此，当不等式 $\pi b_K < c_{pr} + b(e_1,0) - c_o$ 成立时，监测操作比预防性替换更合适；否则，预防性替换比监测操作更会让人接受。证毕。

根据引理 3.2 和引理 3.3，可以获得下列推论，并可作为不采取任何维修操作和监测操作分别为最优操作时的充分条件。

推论 3.2　设假设 3.1 和假设 3.3 同时满足，若 $\pi \in (\Omega_{\mathrm{NA}<\mathrm{PM}}^k \cap \bar{\Omega}_{\mathrm{OB}<\mathrm{PM}}^k)$，$k \in \mathcal{K}'$，或者若 $R_K(\pi) \geqslant 1 - g / (c_{\mathrm{fr}} - c_{\mathrm{pr}})$ 且 $\pi b_K \geqslant c_{\mathrm{pr}} + b(e_1, 0) - c_{\mathrm{o}}$ 同时满足，则 $a^*(\pi, k) = \mathrm{NA}$；若 $R_K(\pi) < 1 - g / (c_{\mathrm{fr}} - c_{\mathrm{pr}})$ 且 $\pi b_K < c_{\mathrm{pr}} + b(e_1, 0) - c_{\mathrm{o}}$，则当 $\pi \prec_{\mathrm{lr}} \pi'$ 时，$a^*(\pi, K) = \mathrm{OB}$。

进一步，针对 $c_{\mathrm{pm}} + b(e_m, k) \leqslant c_{\mathrm{fr}} + b(e_1, 0)(k \in \mathcal{K}')$ 的情形，可以根据推论 3.1 和引理 3.3 获得下列推论，以此确定预防性维修为最优操作时的充分条件。

推论 3.3　设假设 3.1 和假设 3.3 同时满足，且 $c_{\mathrm{pm}} + b(e_m, k) \leqslant c_{\mathrm{fr}} + b(e_1, 0)$，$k \in \mathcal{K}'$。若信息状态 $\pi \in \bar{\Omega}_{\mathrm{OB}<\mathrm{PM}}^k$ 且 $R_k(\pi) \leqslant 1 - g / (c_{\mathrm{fr}} + b(e_1, 0) - c_{\mathrm{pm}} - \pi' Q b_{k+1})$，则当 $\pi \prec_{\mathrm{lr}} \pi'(\pi, k)$ 时，$a^*(\pi, k) = \mathrm{PM}$。

特别地，对特殊情形 $k = K$，可以获得更漂亮的几个关键结构特性。根据引理 3.2 和引理 3.3，可以推断出当 $R_K(\pi) < 1 - g / (c_{\mathrm{fr}} - c_{\mathrm{pr}})$ 且 $\pi b_K \geqslant c_{\mathrm{pr}} + b(e_1, 0) - c_{\mathrm{o}}$ 在 $\pi \prec_{\mathrm{lr}} \pi'(\pi, K)$ 前提下成立时，最优维修操作为预防性替换。进一步，根据 $b_{\mathrm{OB}}(\pi, K)$ 关于信息状态 π 按 $\prec_{\mathrm{lr}}$ 序非递减且 $b_{\mathrm{PR}}(\pi, K)$ 为常量的事实，可以获得预防性替换控制限的封闭形式。下列定理总结了预防性替换的控制限存在的充分必要条件。

定理 3.1　设假设 3.1 和假设 3.3 同时成立。①对 $\pi \prec_{\mathrm{lr}} \pi'(\pi, K)$，与预防性替换为最优操作对应的区域为 $\Omega_{\mathrm{PR}}^K = \{\pi; R_K(\pi) < 1 - g / (c_{\mathrm{fr}} - c_{\mathrm{pr}}), \pi b_K \geqslant c_{\mathrm{pr}} + b(e_1, 0) - c_{\mathrm{o}}\}$，相反，若信息状态 $\pi \notin \Omega_{\mathrm{PR}}^K$，则预防性替换不可能为最优维修操作；②对 $\pi \prec_{\mathrm{lr}} \hat{\pi}$，若 $a^*(\pi, K) = \mathrm{PR}$，则 $a^*(\hat{\pi}, K) = \mathrm{PR}$。

定理 3.1 表明，由于 $k = K$ 时 $b_{\mathrm{PR}}(\pi, K)$ 为常值，因此存在与预防性替换对应的控制限。然而，对 $k \in \mathcal{K}'$ 情形，却不能获得类似的结果，这是因为 $b_{\mathrm{PM}}(\pi, k)$ 会随信息状态 π 发生变化。

最后，对 $b_{\mathrm{NA}}(\pi, k)$ 和 $b_{\mathrm{OB}}(\pi, k)$ 进行比较，获得不采取任何维修操作比监测操作更合适时的充分条件。

引理 3.4　令 $\Omega_{\mathrm{NA}<\mathrm{OB}}^k = \{\pi : (c_{\mathrm{o}} + \pi' b_k - c_{\mathrm{fr}} - b(e_1, 0)) R_k(\pi) \leqslant g + c_{\mathrm{o}} + \pi b_k - c_{\mathrm{fr}} - b(e_1, 0)\}$，其中 $k \in \mathcal{K}'$。①若信息状态 $\pi \in \Omega_{\mathrm{NA}<\mathrm{OB}}^k$，则 $k \in \mathcal{K}'$ 时，有 $a^*(\pi, k) \neq \mathrm{OB}$；②如果 $R_K(\pi) \geqslant (c_{\mathrm{fr}} + b(e_1, 0) - c_{\mathrm{o}} - \pi b_K - g) / (c_{\mathrm{fr}} + b(e_1, 0) -$

$c_o - \pi' b_K)$ 成立，那么 $a^*(\pi, K) \neq \mathrm{OB}$ 。

证明：

$$b_{\mathrm{NA}}(\pi, k) - b_{\mathrm{OB}}(\pi, k)$$
$$= (c_{\mathrm{fr}} + b(e_1, 0))(1 - R_k(\pi))$$
$$\quad + b(\pi'(\pi, k), k) R_k(\pi) - g - c_o - \pi b_k$$
$$= (c_{\mathrm{fr}} + b(e_1, 0) - c_o - \pi b_k)(1 - R_k(\pi)) - g$$
$$\quad + (b(\pi'(\pi, k), k) - c_o - \pi b_k) R_k(\pi)$$
$$= (c_{\mathrm{fr}} + b(e_1, 0) - c_o - \pi b_k)(1 - R_k(\pi)) - g + (b(\pi'(\pi, k), k)$$
$$\quad - c_o - \pi' b_k + \pi' b_k - \pi b_k) R_k(\pi)$$
$$= (c_{\mathrm{fr}} + b(e_1, 0) - c_o - \pi b_k)(1 - R_k(\pi)) - g$$
$$\quad + (b(\pi'(\pi, k), k) - c_o - \pi' b_k) R_k(\pi) + (\pi' b_k - \pi b_k) R_k(\pi)$$

由于 $b(\pi'(\pi, k), k) < c_o + \pi' b_k$ 成立，因此如果 $(c_{\mathrm{fr}} + b(e_1, 0) - c_o - \pi b_k)(1 - R_k(\pi)) - g + (\pi' b_k - \pi b_k) R_k(\pi) \leqslant 0$ ，或者其等价条件 $\pi \in \Omega^k_{\mathrm{NA} \leqslant \mathrm{OB}} = \{\pi : (c_o + \pi' b_k - c_{\mathrm{fr}} - b(e_1, 0)) R_k(\pi) \leqslant g + c_o + \pi b_k - c_{\mathrm{fr}} - b(e_1, 0)\}$ 成立，那么有 $b_{\mathrm{NA}}(\pi, k) \leqslant b_{\mathrm{OB}}(\pi, k)$ 。具体来说，如果 $c_{\mathrm{fr}} + b(e_1, 0) - c_o < \pi' b_k$ ，那么 $b_{\mathrm{NA}}(\pi, k) < b_{\mathrm{OB}}(\pi, k)$ 在 $R_k(\pi) < 1 - (\pi' b_k - \pi b_k - g) / (c_o + \pi' b_k - c_{\mathrm{fr}} - b(e_1, 0))$ 条件下成立。另外，若 $c_{\mathrm{fr}} + b(e_1, 0) - c_o > \pi' b_k$ ，则 $b_{\mathrm{NA}}(\pi, k) \leqslant b_{\mathrm{OB}}(\pi, k)$ 在 $R_k(\pi) \geqslant 1 - (\pi' b_k - \pi b_k - g) / (c_o + \pi' b_k - c_{\mathrm{fr}} - b(e_1, 0))$ 成立时得到满足。

针对 $k = K$ 情形，有 $b(e_i, k) \leqslant c_{\mathrm{pr}} + b(e_1, 0)$ 。在给定假设 $c_o + c_{\mathrm{pr}} < c_{\mathrm{fr}}$ 前提下，有 $c_o + \pi' b_k \leqslant c_o + c_{\mathrm{pr}} + b(e_1, 0) < c_{\mathrm{fr}} + b(e_1, 0)$ 。因此，定理的第②部分可根据第①部分的证明直接获得。证毕。

下列推论给出不采取任何维修操作为最优操作时的充分条件。该推论可直接根据引理 3.3 和引理 3.4 获得，这里不再详述。

推论 3.4　设假设 3.1～假设 3.3 全部满足，若信息状态 $\pi \in (\Omega^k_{\mathrm{NA} \leqslant \mathrm{OB}} \bigcap \Omega^k_{\mathrm{OB} \leqslant \mathrm{PM}})$ ，$k \in \mathcal{K}'$ ，或者 $R_K(\pi) \geqslant \max\{1 - g / (c_{\mathrm{fr}} - c_{\mathrm{pr}}), (c_{\mathrm{fr}} + b(e_1, 0) - c_o - \pi b_K - g) / (c_{\mathrm{fr}} + b(e_1, 0) - c_o - \pi' b_K)\}$ 成立，则 $a^*(\pi, K) = \mathrm{NA}$ 。

通过上面的分析可以发现，$k = K$ 时具有许多优良的性质。下面给出详细的分析结果。

根据引理 3.3，与任意状态 $(\pi, K) \in \Omega \times K$ 对应的操作空间可以表示为

$$\mathcal{A}(\pi,K) = \begin{cases} \{NA, OB\}, & \pi b_K < c_{pr} + b(e_1, 0) - c_o \\ \{NA, PR\}, & \pi b_K \geqslant c_{pr} + b(e_1, 0) - c_o \end{cases}$$

根据引理 3.2 和定理 3.1 可知，与 $\{\pi : \pi b_K \geqslant c_{pr} - c_o + b(e_1, 0)\}$ 对应的区域可以按照阈值 $1 - g / (c_{fr} - c_{pr})$ 的大小分成两个部分。其中，一部分为 Ω_{PR}^K，另一部分为与不采取任何维修操作对应的区域。然而，对于区域 $\{\pi : \pi b_K < c_{pr} - c_o + b(e_1, 0)\}$，若不等式 $1 - g / (c_{fr} - c_{pr}) \geqslant (c_{fr} + b(e_1, 0) - c_o - \pi b_K - g) / (c_{fr} + b(e_1, 0) - c_o - \pi' b_K)$ 成立，则根据推论 3.2 和推论 3.4，它同样可以按照阈值 $1 - g / (c_{fr} - c_{pr})$ 分成两个部分，否则，不能准确获取不采取任何维修操作和监测操作对应区域的边界表达式。

3. $k = K$ 时 AM4R 策略

为了加快运算速度，减少运算时间，很多学者对 AM4R 策略进行了深入研究[11,20,21]。一个单调的 AM4R 结构意味着状态空间可以至多分成四个区域，而且与四个区域对应的操作存在一定的顺序关系。针对 $k = K$ 这一特殊情形，同样具有类似的结果。具体来说，维修模型的单调 AM4R 策略指沿着任意由按 $\prec_{lr}$ 增大顺序排列的信息状态 $\pi_1, \pi_2, \cdots$ 构成的直线可以用至多 3 个数 $0 \leqslant n_1^* \leqslant n_2^* \leqslant n_3^*$，将最优区域分成如下最多 4 个区域，即

$$a^*(\pi_n, K) = \begin{cases} NA, & n < n_1^*, n_2^* < n \leqslant n_3^* \\ OB, & n_1^* \leqslant n \leqslant n_2^* \\ PR, & n > n_3^* \end{cases} \tag{3.31}$$

进一步，随着 n 的增大，与每个区域对应的操作按照 NA、OB、NA、PR 依次出现。

为了获得 $k = K$ 情形下的 AM4R 结构，首先给出如下引理。

引理 3.5 对任意 $k \in \mathcal{K}$，$b(\pi, k)$ 为分段线性凹函数。

证明：对任意 n，若 $V_n(\pi, k)$ 为分段线性凹函数，则 $b(\pi, k)$ 也是分段线性凹函数。显然，$OB_n(\pi, k)$ 和 $PX_n(\pi, k)$ 都是关于信息状态 π 和维修次数 $k \in \mathcal{K}$ 的分段线性凹函数。由于分段线性凹函数的最小值同样也是该类型的函数，因此只需要证明 $NA_n(\pi, k)$ 为分段线性凹函数。为达到此目的，同样采用归纳法进行分析。不失一般性，假定对 $\forall \pi$，$V_0(\pi, k) = 0$。

$\mathrm{NA}_1(\pi,k) = c_{\mathrm{fr}}(1-R_k(\pi))$ 为 π 的线性函数. 假定 $\mathrm{NA}_n(\pi,k)$ 为分段线性凹函数, 这意味着 $V_n(\pi,k) = \min\{\pi \cdot u_n^{\mathrm{T}}; u_n \in U_n\}$, 其中 u 为 $1\times(m+1)$ 维的行向量. 对 $\mathrm{NA}_{n+1}(\pi,k)$ 进行分析, 确定其是否具有分段线性凹函数特性. 显然, $\mathrm{NA}_{n+1}(\pi,k)$ 的第一项 $(c_{\mathrm{fr}}+V_n(\pi,k))(1-R_k(\pi))$ 为关于 π 线性变化的函数. 接下来, 只需要考虑第二项 $V_n(\pi'(\pi,k),k)R_k(\pi)$, 即

$$V_n(\pi'(\pi,k),k)R_k(\pi)$$
$$= \min\{\pi'(\pi,k),k) \cdot u_n^{\mathrm{T}}; u_n \in U_n\}R_k(\pi)$$
$$= \min\left\{\left[\frac{\sum_{i=1}^{m}\pi_i p_{i1}^k}{R_k(\pi)}, \frac{\sum_{i=1}^{m}\pi_i p_{i2}^k}{R_k(\pi)}, \cdots, \frac{\sum_{i=1}^{m}\pi_i p_{im}^k}{R_k(\pi)}, 0\right] \cdot u_n^{\mathrm{T}}\right\}R_k(\pi)$$
$$= \min\left\{\left[\sum_{i=1}^{m}\pi_i p_{i1}^k, \sum_{i=1}^{m}\pi_i p_{i2}^k, \cdots, \sum_{i=1}^{m}\pi_i p_{im}^k, 0\right] \cdot u_n^{\mathrm{T}}\right\}$$
$$= \min\{\pi \cdot u_{n+1}^{\mathrm{T}}; u_{n+1} \in U_{n+1}\} \tag{3.32}$$

显然, 式(3.32)为分段线性凹函数. 因此, $\mathrm{NA}_{n+1}(\pi,k)$ 为分段线性凹函数. 进而可知, $V_{n+1}(\pi,k)$ 为分段线性凹函数, 根据归纳法可知该引理成立. 证毕.

根据引理 3.5, 可以获得定理 3.2. 该定理表明, 与 $k=K$ 情形对应的最优维修策略可以用单调 AM4R 进行刻画.

定理 3.2 若转移概率矩阵 P_K 为 TP2 矩阵, 则与 $k=K$ 情形对应的最优维修策略具有单调的 AM4R 结构.

证明: 令 Ω_{NA}^k、Ω_{OB}^k、Ω_{PX}^k 表示与操作 $a^*(\pi,k)=\mathrm{NA}$、$a^*(\pi,k)=\mathrm{OB}$、$a^*(\pi,k)=\mathrm{PX}$ 对应的区域. 由于 $b_{\mathrm{OB}}(\pi,k)$ 和 $b_{\mathrm{PX}}(\pi,k)$ 皆为超平面, 因此根据引理 3.5 和文献[31], 可得 Ω_{PX}^k 和 Ω_{OB}^k 为集合 Ω 的凸子集. 但是, $b_{\mathrm{NA}}(\pi,k)$ 并非超平面, 只是一个关于 π 的分段线性函数, 因此 Ω_{NA}^k 并不是凸子集. 进一步, 针对 $k=K$ 情形, 由于 $b_{\mathrm{PR}}(\pi,K)$ 为常数, 并且 $b(\pi,K)$ 关于信息状态 π 按 $\prec_{\mathrm{lr}}$ 序非递减, 一旦某个按 $\prec_{\mathrm{lr}}$ 顺序增大的信息状态 π 进入集合 Ω_{PR}^K, 它将不会离开集合 Ω_{PR}^K. 因此, 至多有两个与不采取任何维修操作对应的区域, 并且维修操作随着信息状态 π 沿着某条由特定信息状态构成的直线不断增大时也按照顺序 $\mathrm{NA} \to \mathrm{OB} \to \mathrm{NA} \to \mathrm{PR}$ 相应地变化. 定理得证. 证毕.

遗憾的是，由于 $k \in \mathcal{K}'$ 时，$b_{PM}(\pi, k)$ 并非常数，因此暂时无法获得维修次数 $k \in \mathcal{K}'$ 时的单调 AM4R 结构。在这种情况下，只能知道 Ω_{OB}^k 和 Ω_{PM}^k 这两个集合为 Ω 的凸子集。这意味着，监测操作或预防性维修最多只能出现一次。

3.3.3　维修决策算法

本节利用前面获得的结构特性，设计一种更有效的最优维修决策算法，以确定与任意状态 $(\pi, k) \in \Omega \times \mathcal{K}$ 相对应的最佳操作。

首先，给定相关参数，如 c_{fr}、c_{pr}、c_o，转移概率矩阵 P_k，最大可维修次数 K。从对结构特性进行分析的过程可知，这里需要计算偏差量 $b(e_i, k), i \in \mathcal{S}$，$k \in \mathcal{K}$。目前，值迭代或策略迭代算法被广泛应用于求解 Markov 决策过程[18]。因此，这里先基于从 $e_i (i \in \mathcal{S}')$ 出发的样本路径利用值迭代算法求解 $b(e_i, k)(i \in \mathcal{S}$，$k \in \mathcal{K})$。详细算法可以参考文献[18]，这里不再赘述。然后，针对状态空间中的任意一个状态 $(\pi, k) \in \Omega \times \mathcal{K}$，基于前面获得的结构特征，设计如下最优策略确定算法(算法 3.2 和算法 3.3)。

算法 3.2　最优策略确定算法($k > K$)

1. 假定 $\pi \in \Omega_{OB<PM}^k$，若 $\pi \in \Omega_{NA<OB}^k$，则 $a^*(\pi, k) = \text{NA}$；否则，转到步骤 4。

2. 假定 $\pi \notin \Omega_{OB<PM}^k$ 且有 $c_{pm} + b(e_m, k) \le c_{fr} + b(e_1, 0)$。若 $R_k(\pi) \le 1 - g / (c_{fr} + b(e_1, 0) - c_{pm} - \pi'Qb_{k+1})$ 成立，则 $a^*(\pi, k) = \text{PM}$；否则，若 $R_k(\pi) \ge (c_{fr} + b(e_1, 0) - c_{pm} - \pi Qb_{k+1} - g) / (c_{fr} + b(e_1, 0) - c_{pm} - \pi'Qb_{k+1})$ 成立，则 $a^*(\pi, k) = \text{NA}$；否则，转到步骤 4。

3. 针对 $\pi \notin \Omega_{OB<PM}^k$ 且 $c_{pm} + b(e_m, k) > c_{fr} + b(e_1, 0)$ 成立，若 $\pi \in \Omega_{NA<PM}^k$，则 $a^*(\pi, k) = \text{NA}$；否则，转到步骤 4。

4. 针对不在步骤 1 和 2 中的其他状态，按照以下步骤确定最优维修策略。

    (1) 令 $l = 1$，$\pi_k^1 = \pi$。

    (2) 利用式(3.13)计算 $\pi_k^l = \pi'(\pi_k^{l-1}, k)$。

    (3) 首先，如果 $c_{pm} + b(e_m, k) \le c_{fr} + b(e_1, 0)$ 成立，并且 $R_k(\pi) \le 1 - g/$

$(c_{\mathrm{fr}} + b(e_1,0) - c_{\mathrm{pm}} - \pi' Q b_{k+1})$ 也成立, 或者如果 $c_{\mathrm{pm}} + b(e_m,k) > c_{\mathrm{fr}} + b(e_1,0)$ 成立, 且 $\pi_k^l \notin (\varOmega_{\mathrm{NA<OB}}^k \cup \varOmega_{\mathrm{NA<PM}}^k)$, 那么可以利用式(3.25)获得 $b(\pi_k^l,k) = \min\{b_{\mathrm{OB}}(\pi_k^l,k), b_{\mathrm{PM}}(\pi_k^l,k)\}$。然后, 利用式(3.21)向后递归计算 $b(\pi^{l-1},k)$, $b(\pi^{l-2},k), \cdots, b(\pi,k)$; 否则, 转到步骤(4)。

(4) 若 $\| \pi_k^{l+1} - \pi_k^l \| \leqslant \varepsilon$, 则令 $\varPi_k(\pi) = \pi_k^l$, 并将 π 和 $\pi'(\pi,k)$ 都用 $\varPi_k(\pi)$ 代替, 通过计算获得 $b_{\mathrm{NA}}(\varPi_k(\pi),k)$。类似地, 可以利用式(3.25)获得 $b_{\mathrm{OB}}(\varPi_k(\pi),k)$ 和 $b_{\mathrm{PM}}(\varPi_k(\pi),k)$。因此, 通过对这三项进行比较可以获得 $b(\varPi_k(\pi),k)$。沿着样本路径向后计算依次获得 $b(\pi^{L_k-1},k), b(\pi^{L_k-2},k), \cdots, b(\pi,k)$, 以及与状态 (π,k) 对应的最优操作; 否则, 令 $l = l+1$, 并转到步骤(2)。

算法 3.3　最优策略确定算法($k = K$)

1. 若 $a^*(\pi,K) = \mathrm{PR}$, 则对满足 $\pi \prec_{\mathrm{lr}} \hat{\pi}$ 的任意 $\hat{\pi}$, 有 $a^*(\hat{\pi},K) = \mathrm{PR}$。

2. 假定 $R_K(\pi) < 1 - g/(c_{\mathrm{fr}} - c_{\mathrm{pr}})$, 若不等式 $\pi b_K < c_{\mathrm{pr}} + b(e_1,0) - c_{\mathrm{o}}$ 成立, 则 $a^*(\pi,k) = \mathrm{OB}$; 否则, $a^*(\pi,k) = \mathrm{PR}$。

3. 假定 $R_K(\pi) \geqslant 1 - g/(c_{\mathrm{fr}} - c_{\mathrm{pr}})$, 若 $\pi b_K \geqslant c_{\mathrm{pr}} + b(e_1,0) - c_{\mathrm{o}}$ 成立, 或者 $R_K(\pi) \geqslant (c_{\mathrm{fr}} + b(e_1,0) - c_{\mathrm{o}} - \pi b_K - g)/(c_{\mathrm{fr}} + b(e_1,0) - c_{\mathrm{o}} - \pi' b_K)$ 成立, 则 $a^*(\pi,k) = \mathrm{NA}$。

4. 若 $1 - g/(c_{\mathrm{fr}} - c_{\mathrm{pr}}) \leqslant R_K(\pi) \leqslant (c_{\mathrm{fr}} + b(e_1,0) - c_{\mathrm{o}} - \pi b_K - g)/(c_{\mathrm{fr}} + b(e_1,0) - c_{\mathrm{o}} - \pi' b_K)$ 且 $\pi b_K \geqslant c_{\mathrm{pr}} + b(e_1,0) - c_{\mathrm{o}}$, 则按照以下步骤确定最优维修策略。

(1) 令 $l = 1$, $\pi_K^1 = \pi$。

(2) 利用式(3.13)计算 $\pi_K^l = \pi'(\pi_K^{l-1},K)$。

(3) 如果 $R_K(\pi_K^l) < 1 - g/(c_{\mathrm{fr}} - c_{\mathrm{pr}})$, 那么计算式(3.25)获得 $b(\pi_K^l,K) = \min\{b_{\mathrm{OB}}(\pi_K^l,K), b_{\mathrm{PR}}(\pi_K^l,K)\}$, 利用式(3.21)向后递归计算 $b(\pi^{l-1},K), b(\pi^{l-2},K), \cdots, b(\pi,K)$; 否则, 转到步骤(2)。

(4) 若 $\| \pi_K^{l+1} - \pi_K^l \| \leqslant \varepsilon$, 则令 $\varPi_K(\pi) = \pi_K^l$, 将式(3.22)中的 π 和 $\pi'(\pi,k)$

都用 $\Pi_K(\pi)$ 代替，通过计算获得 $b_{\mathrm{NA}}(\Pi_K(\pi),K)$。这样就可以通过比较 $b_{\mathrm{NA}}(\Pi_K(\pi),K)$ 与 $b_{\mathrm{OB}}(\Pi_k(\pi),k)$ 获得 $b(\Pi_K(\pi),K)$。沿着样本路径向后计算，获得 $b(\pi^{L_k-1},k),b(\pi^{L_k-2},k),\cdots,b(\pi,k)$，以及与状态 (π,k) 对应的最优操作；否则，令 $l=l+1$，并转到步骤(2)。

3.3.4 数值算例

本节将利用数值算例验证最优维修决策算法的有效性。假设退化状态可以分成 5 个阶段，即 $m=4$，系统可以接受的最大维修次数 $K=8$。与文献[9]一样，这里引入函数 $g(i)=0.05+0.005(i-1)$，$i\in\mathcal{S}$，$h(k)=1+0.04k$，$k\in\mathcal{K}$，一个随机矩阵 $D=[d_{ij}]_{4\times4},i,j\in\mathcal{S}'$，定义转移概率矩阵，即

$$D=\begin{bmatrix} 0.895 & 0.1 & 0 & 0.005 \\ 0 & 0.9 & 0.01 & 0.09 \\ 0 & 0 & 0.9 & 0.1 \\ 0 & 0 & 0 & 1 \end{bmatrix} \tag{3.33}$$

在此基础上定义转移概率矩阵 P_k，即

$$p_{ij}^k=\begin{cases} g(i)h(k), & i\in\mathcal{S}',j=m+1,k\in\mathcal{K} \\ (1-g(i)h(k))d_{ij}, & i,j\in\mathcal{S}',k\in\mathcal{K} \\ 1, & i=j=m+1,k\in\mathcal{K} \\ 0, & 其他 \end{cases} \tag{3.34}$$

通过选择合适的随机矩阵 D，可以保证转移概率矩阵 $P_k(k\in\mathcal{K})$ 满足假设 3.1～假设 3.3。此外，与维修相关的费用参数设置如下：$c_{\mathrm{o}}=1$，$c_{\mathrm{pm}}=30$，$c_{\mathrm{pr}}=120$，$c_{\mathrm{fr}}=500$。

根据维修效果矩阵的定义和假设 3.3，将 Q 定义为

$$Q=\begin{bmatrix} 1 & 0 & 0 & 0 & 0 \\ 0.95 & 0.05 & 0 & 0 & 0 \\ 0.90 & 0.075 & 0.025 & 0 & 0 \\ 0.8 & 0.1 & 0.05 & 0.05 & 0 \\ 1 & 0 & 0 & 0 & 0 \end{bmatrix} \tag{3.35}$$

首先，利用值迭代算法获取偏置值 $b(e_i,k)(i\in\mathcal{S},k\in\mathcal{K})$ 和平均费用 g。

这里，单位时间的期望费用 g =28.4116。如图 3.2 所示，在 k 给定的前提下，$b(e_i,k)$ 随着 i 增大，这与引理 3.1 的结论一致。进一步可以看出，$b(e_4,8) < b(e_4,6)$ ，这表明当 e_i 固定时，$b(e_i,k)$ 并不随着 k 单调变化。

　　从演示角度出发，只在图 3.3 和图 3.4 中给出 $k = 0$ 和 $k = 8$ 时的最优维修策略。清楚起见，同时不影响最终结果的正确性，令 $\pi_1 = 0$ ，在此基础上获得与每个 $k \in \mathcal{K}$ 对应的最优维修策略，如图 3.5 所示。通过比较图 3.3～图 3.5 可以发现，如果维修次数 $k(0 \leqslant k \leqslant 7)$ 变大，那么与不采取任何维修操作对应的区域变小，与监测操作或预防性维修对应的区域相应的变大。这是因为一个经过更多次数维修的系统更易发生劣化，自然需要更多的监测操作去查看系统的真实健康状态，选择合适的维修操作。但是，对 $k = 8$ ，与不采取任何维修操作对应的区域比 $k = 7$ 时相应的区域看起来要大，这是因为在这种情况下，预防性替换费用大于预防性维修费用。

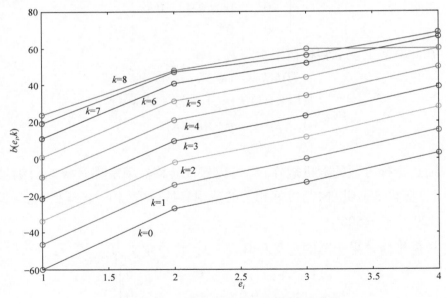

图 3.2　　$k \in \mathcal{K}$ 给定时 $b(e_i,k)$ 随着 i 变化曲线

　　图 3.6 和图 3.7 分别展示 $k = 6$ 和 $k = 7$ 情形下叠加动作边界的最优决策规则。直观起见，这里将在 3.3.2 节获得的操作边界叠加到这两幅图中。需要指出的是，这里只从演示角度出发选择两个典型的情形。针对 $k = 6$ 的情

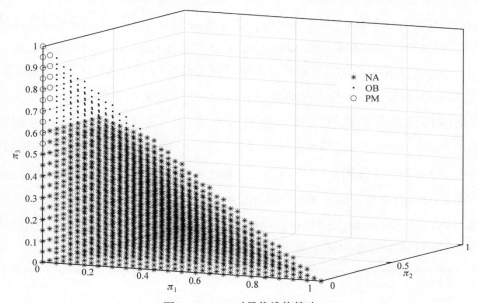

图 3.3　$k = 0$ 时最优维修策略

NA-不采取任何维修操作；OB-监测操作；PM-预测性维修。下同

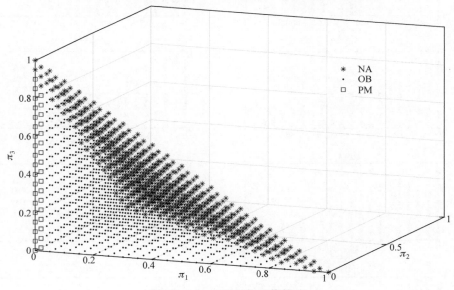

图 3.4　$k = 8$ 时最优维修策略

形，由于 $c_{pm} + b(e_4, 6) = 96.5403 < c_{fr} + b(e_1, 0) = 440.0324$，因此可以根据推论 3.1 获得 $k = 6$ 情形下区分不采取任何维修操作和预防性维修的两条直线，即 Line 1 和 Line 2，如图 3.6 所示。其中，Line 1 定义当满足 $R_k(\pi) = (c_{fr} + b(e_1, 0) -$

$c_{pm} - \pi Q b_{k+1} - g) / (c_{fr} + b(e_1, 0) - c_{pm} - \pi' Q b_{k+1})$ 时，不采取任何维修操作比预防性维修更合适的区域，而 Line 2 定义当满足 $R_k(\pi) = 1 - g / (c_{fr} + b(e_1, 0) - c_{pm} - \pi' Q b_{k+1})$ 时，预防性维修比不采取任何维修操作更合适的区域。对 $k = K$ 的情形，只需要根据条件 $R_K(\pi) = 1 - g / (c_{fr} - c_{pr})$ 定义一条直线来区分不采取任何维修操作和预防性维修，如图 3.7 所示。通过将 b_{OB} 与 b_{PX} 分别在 $\pi(b_k - Q b_{k+1}) = c_{pm} - c_o$ 和 $\pi b_K = c_{pr} + b(e_1, 0) - c_o$ 情形下进行比较，可以得到图 3.6 中的 Line 3 和图 3.7 中的 Line 2。图 3.6 中的 Line 4 和图 3.7 中的 Line 3 描述了在 $(c_o + \pi' b_k - c_{fr} - b(e_1, 0)) R_k(\pi) = g + c_o + \pi b_k - c_{fr} - b(e_1, 0)$ 和 $R_K(\pi) = (c_{fr} + b(e_1, 0) - c_o - \pi b_K - g) / (c_{fr} + b(e_1, 0) - c_o - \pi' b_K)$ 情况下，维修操作更偏向不采取任何维修操作还是预防性维修。

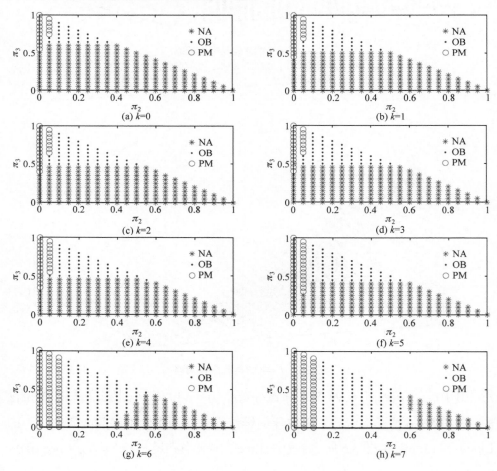

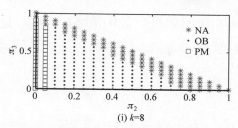

(i) $k=8$

图 3.5　考虑维修效果影响情形下的最优维修策略

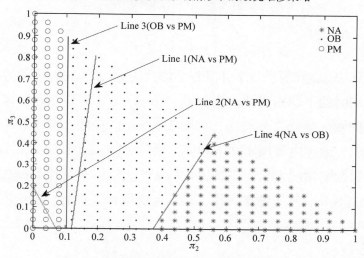

图 3.6　叠加操作边界的最优决策规则($k=6$)

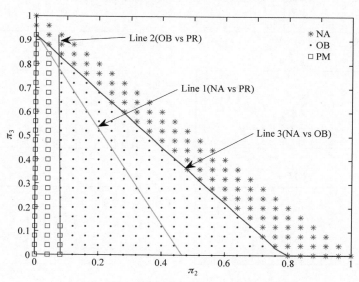

图 3.7　叠加操作边界的最优决策规则($k=8$)

　　为了更直观地展示维修效果对最优策略的影响，这里给出未考虑维修效果影响情形下的最优维修策略，进行比较分析。针对这种情况，维修效果矩阵 Q 形式应为

$$Q = \begin{bmatrix} 1 & 0 & 0 & 0 & 0 \\ 1 & 0 & 0 & 0 & 0 \\ 1 & 0 & 0 & 0 & 0 \\ 1 & 0 & 0 & 0 & 0 \\ 1 & 0 & 0 & 0 & 0 \end{bmatrix} \tag{3.36}$$

　　通过算法 3.2 和算法 3.3 可得到平均费用 $g = 27.9564$，明显小于考虑维修效果影响时的平均费用值。类似地，令 $\pi_1 = 0$，可以获得不考虑维修效果影响时的最优维修决策规则，如图 3.8 所示。显然，考虑和不考虑维修效果的影响，最优决策规则并不相同。例如，若 $k = 0$，令 $\pi_2 = 0$，则在考虑维修效果影响情况下，当系统退化程度变大时，最优维修操作由预防性维修转变成不采取任何维修操作，在不考虑维修效果时，则由不采取任何

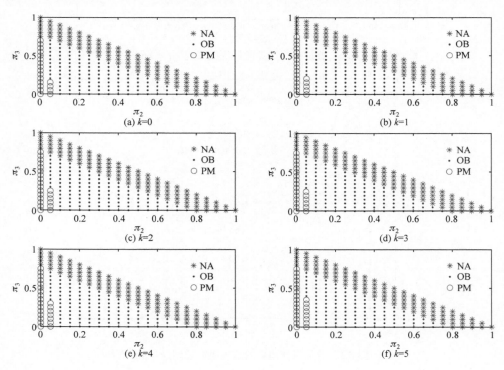

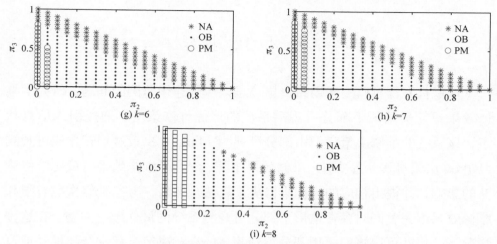

图 3.8　不考虑维修效果影响时的最优维修决策规则

维修操作变成预防性维修。令 $k=0$ ，当 $\pi_1=\pi_2=0$ 时，图 3.9 给出考虑和不考虑维修效果影响两种情形下偏差值随 π_3 变化的曲线。图 3.9 说明了考虑维修效果影响与否两种情况下的差别。造成这种差别的原因主要包括两个方面，一方面是当 $\pi_1=\pi_2=0$ 时，就意味着系统已经遭受了严重的退化；另一方面是不考虑维修效果影响时，预防性维修费用为常值，考虑维修效果影响时，预防性维修费用随着 π 的变大而增长。图 3.9 说明，不管考虑维修效果影响与否， $b(\pi_3,0)$ 都是一凹函数，这与引理 3.5 的结论一致。

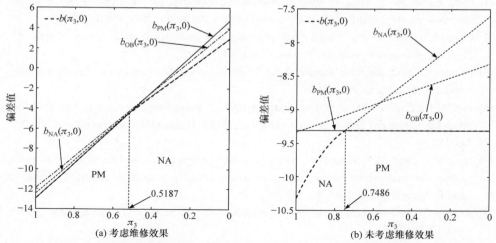

图 3.9　考虑与不考虑维修效果影响两种情形下偏差值随 π_3 变化的曲线($\pi_1=\pi_2=0$, $k=0$)

3.4　本章小结

本章首先针对监测费用昂贵导致难以实施连续监测的问题，研究了维修效果不完美情形下部分可观测系统的最优维修策略。通过引入信息状态，该系统的维修决策问题由部分可观测 Markov 决策过程转化成可观测Markov 决策过程。通过引入维修效果矩阵，刻画了维修效果对最优维修策略的影响，并提出相应的最优维修决策算法。然后，考虑维修次数有限和维修效果不完美同时存在情形下部分可观测系统的最优维修问题。在这种情况下，仍然可以将问题用部分可观测 Markov 决策过程进行建模并通过将信息状态与已维修次数组合成新的状态，将问题转化成 Markov 决策过程。为了设计高效的问题求解算法，研究了最优值函数的结构性质，并在此基础上设计出最优维修决策算法。最后，仿真验证了算法的有效性。

参 考 文 献

[1] Ben-Daya M, Duffuaa S, Raouf A. Maintenance Modeling and Optimization[M]. Norwell: Kluwer, 2000.

[2] Michael J K, Viliam M. Joint optimization of sampling and control of partially observable failing systems[J]. Operations Research, 2013, 61(3): 777-790.

[3] Byon E, Ntaimo L, Ding Y. Optimal maintenance strategies for wind turbine systems under stochastic weather conditions[J]. IEEE Transactions on Reliability, 2010, 59(2): 393-404.

[4] Castro I, Sanjuan E. An optimal repair policyfor systems with a limited number of repairs[J]. European Journal of Operational Research, 2008, 187: 84-97.

[5] Derman C. On Optimal Replacement Rules When Changes of State are Markovian[M]. Berkeley: Universityof California Press, 1963.

[6] Fan H, Hu C, Chen M, et al. Cooperative predictive maintenance of repairable systems with dependent failure modes and resource constraint[J].IEEE Transactions on Reliability, 2011, 60(1): 144-157.

[7] Jiang Y P, Chen M Y, Zhou D H. Joint optimization of preventive maintenance and inventory policies for multi-unit systems subject to deteriorating spare part inventory[J]. Journal of Manufacturing Systems, 2015, 35: 191-205.

[8] Kolesar P. Minimum cost replacement under Markovian deterioration[J]. Management Science, 1966, 12: 694-706.

[9] Kurt M, Kharoufeh J. Optimally maintaining a Markovian deteriorating system with limited

imperfect repairs[J]. European Journal of Operational Research, 2010, 205: 368-380.

[10] Ghasemi A, Yacout S, Ouali M. Optimal condition-based maintenance with imperfect information and the proportional hazards model[J]. International Journal of Production Research, 2007, 45: 989-1012.

[11] Maillart L. Maintenance policies for systems with condition monitoring and obvious failures[J]. IIE Transactions, 2006, 38: 463-475.

[12] Fan H D, Xu Z, Chen S W. Optimally maintaining a multi-state system with limited imperfect preventive repairs[J]. International Journal of the Systems Science, 2013, 82: 87-99.

[13] Chen M Y, Fan H D, Hu C H, et al. Maintaining partially observed systems with imperfect observation and resource constraint[J]. IEEE Transactions on Reliability, 2014, 63(4): 881-890.

[14] Barlow R, Hunter L. Optimum preventive maintenance policies[J]. Operations Research, 1960, 8(1): 90-100.

[15] Lin D, Zuo M J, Yam R C M. General sequential imperfect preventive maintenance[J]. International Journal of Reliability, Quality and Safety Engineering, 2000, 7(3): 253-266.

[16] Wu S, Zuo M. Linear and nonlinear preventive maintenance models[J]. IEEE Transactions on Reliability, 2010, 59(1): 242-249.

[17] Liu Y, Huang H, Zhang X. A data-driven approach to selecting imperfect maintenance models[J]. IEEE Transactions on Reliability, 2012, 61(1): 101-112.

[18] Puterman M. Markov Decision Processes: Discrete Stochastic Dynamic Programming[M]. New York: Wiley, 1994.

[19] Rosenfield D. Markovian deterioration with uncertain information[J].Operational Research, 1976, 24(1): 141-155.

[20] Byon E, Ntaimo L, Ding Y. Optimal maintenance strategies for wind turbine systems under stochastic weather conditions[J]. IEEE Transactions on Reliability, 2010, 59(2): 393-404.

[21] Ross S. Quality control under Markovian deterioration[J]. Management Science, 1971, 17(9): 587-596.

第 4 章　存在单向影响失效模式时系统的预测维修

4.1　引　　言

预防性维修是使系统可靠度保持在一个满意水平之上，降低失效发生率的有效手段。但是，预防性维修操作并不能降低或消除系统设计缺陷导致的失效风险。针对这种情形，Lin 等[1]认为系统中主要存在两类失效模式，即可维修失效模式和不可维修失效模式。与可维修失效模式对应的退化可以通过清洗擦拭、润滑涂油、紧固螺丝之类的预防性维修操作来消除或缓解，而与不可维修失效模式相应的退化或失效只有通过替换操作才能消除。

针对这两类失效模式相互独立的情形，Lin 等[1]提出一种序贯不完美预防性维修策略。然而在有些情况下，这些失效模式之间并非统计独立，而是存在相互影响的关系。对这类系统进行维修决策建模时，需要将这些影响考虑进去。近些年来，有不少文献开始研究失效模式相互影响情况下的最优维修决策建模与优化问题[2-13]。例如，Murthy 等[2]针对一类由两个部件组成的系统提出两种描述失效模式相互依赖关系的模型。一种模型是不管该系统哪个部件发生失效都会引起另一个部件的失效。另一种模型是任何一个部件的失效都会对另一个部件的失效率带来一定的影响。Zequeira 等[9]着重研究这两种失效模式竞争失效且相互之间存在统计依赖的周期性预防性维修问题，并给出最优策略存在且唯一的条件。Castro[11]也研究了类似的问题，与文献[9]的不同之处在于描述失效模式相互依赖的模型。

可以看出，现有的文献大都侧重于在传统维修框架下研究如何基于失效率信息对失效模式之间的相互影响进行建模和优化，并没有考虑基于性能退化数据的维修决策建模。这导致维修决策结果并不能反映系统健康状态的实时变化。考虑传感器技术已经得到迅猛发展，并且在工业生产中得到广泛应用，因此如何利用设备在运行过程中的性能数据进行维修决策，很值得研究。

本章将针对同时存在这两种失效模式的系统，在预测维修框架下研究如何利用实时监测得到的性能退化数据来确定对系统实施替换前预防性维修的次数以及两次预防性维修之间的时间间隔。

4.2　维修模型描述

本章考虑一类存在两种失效模式，并且它们之间存在单向影响的复杂系统的预测维修问题。涉及与该系统有关的一些假设及维修策略描述如下：

(1) 该系统同时受到两种失效模式的影响。一种失效模式是可维修失效模式。这类失效模式主要与系统老化、疲劳、磨损等对应。这里采用失效率函数 $h_0(t)$ 描述该过程。另一种失效模式为不可修失效模式，其失效来到过程 $\{N_3(t), t \geq 0\}$ 是一强度率函数为 $\lambda_0(t)$ 的非时齐泊松过程(non-homogeneous Poisson process，NHPP)。

(2) 不可修失效模式发生失效时会对可维修失效模式产生一定的冲击。当冲击幅度 W 超过阈值 D 时，就会对可维修失效模式造成实质性的影响，从而加快可维修失效模式的退化。进一步，假设系统所受的冲击幅度 W 是一个服从正态分布的随机变量，因此不可维修失效模式以概率 $p = F_W(D) = \Phi((D - \mu_W)/\sigma_W)$ 对可维修失效模式产生影响。其中，μ_W 和 σ_W 分别表示正态分布的均值与标准差，$\phi(\cdot)$ 为正态分布的累积分布函数。不可修失效模式除了自身能够发生失效，还会对系统的性能退化过程产生概率意义上的影响。从这个角度来讲，可维修失效模式与不可维修失效模式之间存在依赖关系。由于可维修失效模式不会对不可修失效模式产生影响，因此这里只存在单向影响。

(3) 通过传感器对系统进行连续监测，监测时间间隔为 Δt。假设监测过程不影响系统的性能，并且不会产生额外费用。

(4) 在对系统实施替换前，对其实行周期性预防性维修。在连续两次预防性维修之间，若有失效发生(不管与哪种失效模式对应)，则采取最小维修来处理。根据最小维修的定义，失效模式对应的失效率在最小维修前后不发生改变，因此最小维修不改变性能变量的变化规律。

(5) 假设在 t_k 时刻对系统实施过第 k 次预防性维修，并且在第 k 次维修完成后运行了一段时间 $t_L = L\Delta t$，$L \in \mathbb{N}$，但是尚未实施第 $k+1$ 次维修。这里，Δt 为采样时间间隔。为了使维修费用率达到最小，需要合理安排未来的预防性维修时间。

(6) 由于系统维修一定次数后，其失效率会变大，这会导致失效发生的频率加大，此时已经没有维修的必要。因此，假设在未来时间内对退化失效模式实施 $N(t) - 1$ 次预防性维修，维修间隔为 $T(t)$。当再次需要对系统进行维修时，就直接将其替换。此处，t 为当前时刻，且 $t = t_k + t_L$。

(7) 根据与可维修失效模式对应的性能退化数据对可维修失效模式在时间段 $[t, t_{k+1})$ 内的失效率进行估计。考虑无法量化预防性维修对性能退化变量的影响，在第 $k+1$ 次预防性维修后，仍然使用基于失效时间数据的失效率函数 $h_0(s), S \geqslant 0$ 进行维修决策。

(8) 预防性维修并不能使可维修失效模式修复如新。在不考虑不可修失效模式的影响时，采用如下模型描述预防性维修的效果，即

$$h_n(s) = A_n h_0(y_n^+ + s) \tag{4.1}$$

其中，$h_n(s)$ 为系统在第 n 次预防性维修与第 $n+1$ 次预防性维修之间的失效率函数；$0 \leqslant s < T$；$A_n = a_1 a_2 \cdots a_n$，a_i 为系统经过第 i 次预防性维修后失效率函数的调整因子，$1 = a_0 \leqslant a_1 \leqslant a_2 \leqslant \cdots \leqslant a_n$；$y_n^+$ 为可修失效模式刚刚经过第 n 次预防性维修后的有效役龄(effective age)，且有

$$y_n^+ = y_{n-1}^+ + b_n T_{n|n-1}, \quad 1 \leqslant n \leqslant k$$

$$y_n^+(t) = y_{n-1}^+ + b_n T(t), \quad n = k+1$$

$$y_n^+(t) = y_{n-1}^+(t) + b_n T(t), \quad k+2 \leqslant n \leqslant k + N(t) - 1$$

其中，b_n 为役龄消减因子，$0 = b_0 < b_1 < \cdots < b_n < 1$。

若 $a_n = 1$、$b_n = 1$，则表示可以使系统修复如新，即完美预防性维修。由于不可修失效模式会加速可修失效模式的失效，因此采用与文献[11]类似的处理方法来修改，即

$$h_n(s) = A_n h_0(y_n^+ + s) a^{N_2(t_n)} \tag{4.2}$$

其中，$a > 1$；$N_2(t_n)$ 为至时刻 t_n 对可维修失效模式产生影响的不可修失效次数，即

$$N_2(t_n) = \sum_{i=1}^{N_3(t_n)} I_{\{W_i > D\}} \tag{4.3}$$

其中，$I_{\{W_i > D\}}$ 为示性函数，当事件 $\{W_i > D\}$ 成立时取 1，否则取 0。

(9) 可修模式失效时的维修费用为 $c_{m,1}$，预防性维修费用为 c_p，不可修失效模式失效时的小修费用为 $c_{m,2}$，替换系统需要的费用为 c_r，并且 $c_r > c_p > \max\{c_{m,1}, c_{m,2}\}$。这里不考虑维修消耗的时间。

(10) 维修决策的目的是使系统在当前替换周期剩余时间内的期望费用最小。

4.3　基于性能可靠性预测的期望失效次数估计

4.3.1　可靠性相关定义

可靠性是产品在规定的条件下和规定的时间区间内完成规定功能的能力[14]。若用 T 表示产品的寿命，那么传统的可靠性可以通过下式计算，即

$$R(t) = \Pr\{T > t\} \tag{4.4}$$

失效率为

$$h(t) = \lim_{\Delta t \to 0} \frac{\Pr\{t < T < t + \Delta t \mid T > t\}}{\Delta t} = \frac{f(t)}{R(t)} \tag{4.5}$$

其中，$f(t)$ 为失效时间 T 的概率密度函数。

$$R(t) = \exp\left(-\int_0^t h(u)\mathrm{d}u\right) \tag{4.6}$$

可靠性的定义反映的是产品在给定条件下获得的总体特征，并不能反映设备运行时的健康状态。因此，有学者提出基于性能退化数据的软失效概念[15]，并在此定义基础上给出性能可靠性的定义，即

$$R(t) = \Pr\{T > t\} = \Pr\{\phi(t) < \phi_{\mathrm{th}}\} \tag{4.7}$$

其中，$\phi(t)$ 为 t 时刻时的性能变量；ϕ_{th} 为失效阈值。

根据式(4.7)可得到条件性能可靠性，即

$$R(t + \tau \,|\, t) = \Pr\{\phi(t + \tau) < \phi_{\mathrm{th}} \,|\, \phi(t) < \phi_{\mathrm{th}}\} = \frac{R(t + \tau)}{R(t)} \tag{4.8}$$

相应地，基于性能变量的失效率为

$$h\{t + \tau \,|\, t\} = \lim_{\Delta t \to 0} \frac{\Pr\{\phi(t + \tau + \Delta t) \geqslant \phi_{\mathrm{th}} \,|\, \phi(t + \tau) < \phi_{\mathrm{th}}, \phi(t) < \phi_{\mathrm{th}}\}}{\Delta t} \tag{4.9}$$

经过相应的推导，可得

$$R\{t + \tau \,|\, t\} = \exp\left(-\int_0^\tau h(t + u \,|\, t)\mathrm{d}u\right) \tag{4.10}$$

将区间 $[0, \tau]$ 用间隔 Δt 等分成 l 份，当 $l \to \infty$、$\Delta t \to 0$ 时有

$$R(t + l\Delta t \,|\, t) = \lim_{\substack{\Delta t \to 0 \\ l \to \infty}} \exp\left(-\Delta t \sum_{j=0}^{l-1} h(t + j\Delta t \,|\, t)\right) \tag{4.11}$$

因此，经过简单的推导，可得[16]

$$h(t + l\Delta t \,|\, t) = \lim_{\substack{\Delta t \to 0 \\ l \to \infty}} \frac{\left\{\ln \dfrac{R(t + l\Delta t \,|\, t)}{R(t + (l+1)\Delta t \,|\, t)}\right\}}{\Delta t} \tag{4.12}$$

通过性能可靠性预测可以获得产品在 $t + l\Delta t (l \in \mathbb{N})$ 时刻的可靠度，再根据式(4.12)就可以预测出在这些时刻的失效率值。下面简要介绍性能可靠性预测相关技术。

4.3.2　基于指数平滑的性能可靠性预测

Kim 和 Kolarik 是较早进行性能可靠性预测研究的学者，他们于 1992

年提出实时条件性能可靠性的概念[17]。之后，越来越多的学者开始对性能可靠性预测进行研究[18-21]。需要注意的是，可靠度预测并不是本章的重点。本章采用文献[20]涉及的指数平滑的方法进行性能可靠性预测。若需要了解其他方法的介绍与步骤，读者可以参考文献[21]和[22]。

指数平滑是一种用来对性能退化数据进行在线短时预报的时间序列分析方法[23]。假设从 t_k 到 $t = t_k + t_L$，性能变量观测值为 $\{\phi_j, j = 1, 2, \cdots, L\}$，其中 $\phi_j = \phi(t_{k+j})$，$t_{k+j} = t_k + j\Delta t$，$\Delta t$ 为采样时间间隔。然后，采用指数平滑中的 Holt 方法对性能退化数据进行预测，即

$$
\begin{aligned}
u_j &= \alpha\phi_j + (1-\alpha)(u_{j-1} + s_{j-1}) \\
s_j &= \beta(u_j - u_{j-1}) + (1-\beta)s_{j-1}
\end{aligned}
\tag{4.13}
$$

其中，$1 < \alpha < 1$ 和 $0 < \beta < 1$ 为 Holt 方法的参数。

为了使递推能够进行，将初始值设为

$$
u_1 = \phi_1 \tag{4.14}
$$

$$
u_2 = \phi_2 \tag{4.15}
$$

$$
s_2 = u_2 - u_1 \tag{4.16}
$$

通过递推计算得到 t 时刻的 u_L 和 s_L 后，就可以获得性能变量在 l 步后的均值，即

$$
\hat{\phi}_{L+l} = u_L + s_L l\Delta t \tag{4.17}
$$

预测方差可由下式估计，即

$$
\hat{\sigma}^2(l) = \{1 + (l-1)\alpha^2[1 + l\beta(1/6)l(2l-1)\beta^2]\}s^2(1) \tag{4.18}
$$

其中，$s(1)$ 可以根据一步预测误差估计，即

$$
e_j(1) = \phi_{j+1} - \hat{\phi}_{j+1}
$$

$$
s^2(1) = \sum_{j=1}^{L-1} \frac{e_j^2(1)}{L-1} \tag{4.19}
$$

在进一步假设性能变量为正态分布的基础上，可以根据式(4.8)预测 $t + l\Delta t$ 时刻的条件可靠性，即

$$R(t + l\Delta t \mid t) = \Phi\left(\frac{\phi_{\text{th}} - \hat{\phi}_{L+l}}{\hat{\sigma}(l)}\right) \tag{4.20}$$

其中，$\Phi(\cdot)$ 为标准正态分布随机变量的累积分布函数。

最后，根据式(4.12)预测得到基于性能变量的失效率值 $h(t + l\Delta t \mid t)$。

4.3.3　期望失效次数的估计

在本章的维修模型中，系统一旦发生失效就对其实施小修操作，因此根据小修的定义可知系统的失效率在维修前后是不发生改变的。在这种情况下，可以推导系统失效次数的来到过程实质上是非时齐泊松过程，其强度函数即为系统首次失效分布对应的失效率 $h(t)$[24]。因此，系统在 $[t, t + l\Delta t]$ 的期望失效次数为

$$E[N(t, t + l\Delta t)] = \int_0^{l\Delta t} h(t + u)\mathrm{d}u \tag{4.21}$$

其中，$E[\cdot]$ 为期望符号；$N(t, t + l\Delta t)$ 为系统在 $[t, t + l\Delta t]$ 失效来到次数。

由此可以根据性能退化数据实现对未来一段时间内期望失效次数的估计，即

$$E[N(t, t + l\Delta t)] = \int_0^{l\Delta t} h(t + u \mid t)\mathrm{d}u \approx \Delta t \sum_{j=0}^{l-1} h(t + j\Delta t \mid t) \tag{4.22}$$

在以上讨论的基础上，给出基于 Holt 指数平滑方法的期望失效次数估计算法(算法 4.1)。

算法 4.1　期望失效次数估计算法

---

1. 针对每一个 j，$j = 1, 2, \cdots, L$，分以下 3 种情况进行讨论。
   (1) 若 $j = 1$，则利用式(4.14)计算性能变量的估计值 u_1。
   (2) 若 $j = 2$，则利用式(4.15)和式(4.16)计算 u_2 和 s_2。
   (3) 若 $j \geqslant 3$，则利用式(4.13)计算性能变量的估计值 u_j 和 s_j。
2. 由此可以得到 u_L 和 s_L，再根据式(4.17)和式(4.18)得到性能变量在 $t + l\Delta t$ 时刻的均值和方差。

---

3. 利用式(4.20)获得 $t + l\Delta t$ 时刻的条件可靠性。

4. 将性能可靠性预测结果代入式(4.12)即可得到基于性能退化数据的失效率值，进而根据式(4.22)得到 $[t, t + l\Delta t]$ 的期望失效次数。

4.4　费用率模型

这里采用当前替换周期内剩余时间内的费用率最小作为优化目标。为了给出费用率的表达式，先给出如下引理：

引理 4.1　计数过程 $\{N_2(s), s \geqslant 0\}$ 是具有强度函数 $\{p\lambda_0(s) > 0, s \geqslant 0\}$ 的非时齐泊松过程。

证明：当 $s = 0$ 时，有 $N_2(s) = 0$。下面考虑 $s > 0$ 时的情形。由式(4.3)的定义，有

$$N_2(s + h) - N_2(s) = \sum_{i=1}^{N_3(s+h)} I_{\{W_i > D\}} - \sum_{i=1}^{N_3(s)} I_{\{W_i > D\}}$$

$$= \sum_{i=N_3(s)+1}^{N_3(s+h)} I_{\{W_i > D\}} \tag{4.23}$$

考虑到 $\{N_3(s), s \geqslant 0\}$ 为非时齐泊松过程，并且当 W_i 与 W_j 在 $i \neq j$ 时相互独立，因此可将式(4.23)转化为

$$N_2(s + h) - N_2(s) = \sum_{i=1}^{N_3(s+h)-N_3(s)} I_{\{W_i > D\}} \tag{4.24}$$

那么由 $N_3(s)$ 的增量独立性，可得 $\{N_2(s), s \geqslant 0\}$ 为一增量独立过程。

对于充分小的 $h > 0$，有

$$\Pr\{N_2(s + h) - N_2(s) = 1\} = \Pr\left\{\sum_{i=1}^{N_3(s+h)-N_3(s)} I_{\{W_i > D\}} = 1\right\}$$

$$= \sum_{z=1}^{\infty} \Pr\left\{\sum_{i=1}^{z} I_{\{W_i > D\}} = 1\right\} \Pr\{N_3(s + h) - N_3(s) = z\}$$

$$= \sum_{z=1}^{\infty} p(1 - p)^{z-1} \Pr\{N_3(s + h) - N_3(s) = z\}$$

$$= p\Pr\{N_3(s+h) - N_3(s) = 1\} + \sum_{z=2}^{\infty} p(1-p)^{z-1}\Pr\{N_3(s+h) - N_3(s) = z\}$$

$$= p\lambda_0(s)h + o(h) + \sum_{z=2}^{\infty} p(1-p)^{z-1}o(h)$$

$$= p\lambda_0(s)h + o(h)$$

而

$$\Pr\{N_2(s+h) - N_2(s) = 2\} = \Pr\left\{\sum_{i=1}^{N_3(s+h)-N_3(s)} I_{\{W_i > D\}} = 2\right\}$$

$$= \sum_{z=2}^{\infty} \Pr\left\{\sum_{i=1}^{z} I_{\{W_i > D\}} = 1\right\}\Pr\{N_3(s+h) - N_3(s) = z\}$$

$$= \sum_{z=2}^{\infty} \Pr\left\{\sum_{i=1}^{z} I_{\{W_i > D\}} = 1\right\}o(h)$$

$$= o(h)$$

因此，根据非时齐泊松过程的定义[25]，可以得到过程 $\{N_2(s), s \geqslant 0\}$ 是具有强度函数 $p\lambda_0(s) > 0(s \geqslant 0)$ 的非时齐泊松过程。为方便讨论，将计数过程 $\{N_2(s), s \geqslant 0\}$ 的强度函数记为 $\lambda(s) = p\lambda_0(s)$，$s \geqslant 0$。证毕。

在失效后采用最小维修这个假设，可维修失效模式在当前时刻 t 至 t_{k+1} 时刻的期望失效次数可以根据式(4.25)计算，即

$$\hat{N}_{t,k+1}^1(T(t)) = \int_0^{T(t)-t_L} h(t+u \mid t)\mathrm{d}u \tag{4.25}$$

下面计算可维修部分在 $[t_{k+1}, t_{k+N(t)}]$ 的期望失效次数。记可维修失效模式在时间段 $[0, s]$ 的失效次数为 $N_1(s)$，则有

$$\Pr\{N_1(t_{j+1}) - N_1(t_j) = z\} = E\left[\frac{\left(\int_0^{T(t)} h_j(u)\mathrm{d}u\right)^z}{z!}\exp\left(-\int_0^{T(t)} h_j(u)\mathrm{d}u\right)\right]$$

$$= E\left[\frac{(H_j^1(T(t)))^z}{z!}\exp(-H_j^1(T(t)))\right]$$

$$\tag{4.26}$$

其中

$$H_j^1(T(t)) = \int_0^{T(t)} h_j(u)\mathrm{d}u = a^{N_2(t_j)-N_2(t)+\tilde{N}_2} \int_0^{T(t)} A_j h_0(y_j^+ + u)\mathrm{d}u \qquad (4.27)$$

其中，$\tilde{N}_2$ 为 $[0,t]$ 发生的对可维修失效模式产生影响的不可修失效模式的失效数。据此可以得出可维修失效模式在 $(t_j,t_{j+1}]$ 的期望失效数，即

$$N_j^1(T(t)) = E[H_j^1(T(t))]$$

$$= E\left[a^{N_2(t_j)-N_2(t)+\tilde{N}_2} \int_0^{T(t)} A_j h_0(y_j^+ + u)\mathrm{d}u \right]$$

$$= a^{\tilde{N}_2} E\left[a^{N_2(t_j)-N_2(t)} \right] \int_0^{T(t)} A_j h_0(y_j^+ + u)\mathrm{d}u$$

$$= a^{\tilde{N}_2} \int_0^{T(t)} A_j h_0(y_j^+ + u)\mathrm{d}u \sum_{z=0}^{\infty} a^z \frac{\left(\int_t^{t_j} \lambda(s)\mathrm{d}s \right)^z}{z!} \exp\left(-\int_t^{t_j} \lambda(s)\mathrm{d}s \right)$$

$$= a^{\tilde{N}_2} \int_0^{T(t)} A_j h_0(y_j^+ + u)\mathrm{d}u \exp\left((a-1)\int_t^{t_j} \lambda(s)\mathrm{d}s \right)$$

$$= \Lambda_j^1(T(t)) \exp((a-1)N_{t,j}^2) \qquad (4.28)$$

其中，$\Lambda_j^1(T(t)) = a^{\tilde{N}_2} \int_0^{T(t)} A_j h_0(y_j^+ + u)\mathrm{d}u$；$N_{t,j}^2 = \int_t^{t_j} \lambda(s)\mathrm{d}s$。

那么，可维修部分在 $[t_{k+1}, t_{k+N(t)}]$ 的期望失效次数为

$$N_{k+1,k+N(t)}^1(T(t)) = \sum_{j=k+1}^{k+N(t)-1} N_j^1(T(t)) \qquad (4.29)$$

而对可维修失效模式产生影响的不可维修失效的期望次数为

$$N_{t,k+N(t)}^2(T(t)) = \int_t^{t_{k+N(t)}} \lambda(s)\mathrm{d}s$$

$$= \sum_{j=k+1}^{k+N(t)-1} N_j^2(T(t)) + N_{t,k+1}^2(T(t)) \qquad (4.30)$$

其中，$N_{t,k+1}^2(T(t)) = \int_t^{t_{k+1}} \lambda(s)\mathrm{d}s$；$N_j^2(T(t)) = \int_{t_j}^{t_{j+1}} \lambda(s)\mathrm{d}s$。

综上可得 $[t_{k+1}, t_{k+N(t)}]$ 产生的期望费用为

$$c = c_{\mathrm{m},1}[\hat{N}_{t,k+1}^1(T(t)) + N_{k+1,k+N(t)}^1(T(t))] + c_{\mathrm{m},2} N_{t,k+N(t)}^2(T(t)) + (N(t)-1)c_{\mathrm{p}} + c_{\mathrm{r}}$$

$$(4.31)$$

而当前替换周期内剩余时间长度为 $N(t)T(t) - t_L$。

　　因此，需要优化的费用率函数为

$$C(N(t),T(t))$$

$$= \frac{c_{m,1}[\hat{N}^1_{t,k+1}(T(t)) + N^1_{k+1,k+N(t)}(T(t))] + c_{m,2}N^2_{t,k+N(t)}(T(t)) + (N(t)-1)c_p + c_r}{N(t)T(t) - t_L}$$

(4.32)

其中，$N(t) \geqslant 1$ 和 $T(t) \geqslant t_L$ 为决策变量。

4.5　维　修　优　化

　　本节的主要工作是寻找使式(4.32)最小化的 $N(t)$ 和 $T(t)$。为方便，省去表示符号中的当前时刻 t，即将 $N(t)$ 和 $T(t)$ 分别改写为 N 和 T。因此，重新将优化目标函数写为

$$C(N,T) = \frac{c_{m,1}(\hat{N}^1_{t,k+1} + N^1_{k+1,k+N}) + c_{m,2}N^2_{t,k+N} + (N-1)c_p + c_r}{NT - t_L} \quad (4.33)$$

式中，$N \geqslant 1$ 和 $T > t_L$ 为决策变量。

　　这里采用与文献[9]和文献[11]类似的思路对式(4.33)进行优化求解。首先，考虑 $N = 1$ 时的情形。当 $N = 1$ 时，式(4.33)表示的目标函数退化为

$$C(T) = \frac{c_{m,1}\hat{N}^1_{t,k+1} + c_{m,2}N^2_{t,k+1} + c_r}{T - t_L} \quad (4.34)$$

对 T 求导，并令结果为 0，可得

$$[(T - t_L)c_{m,1}h_0(t_k + T \,|\, t) - \hat{N}^1_{t,k+1}] + c_{m,2}[(T - t_L)\lambda(t_k + T) - N^2_{t,k+1}] = c_r$$

(4.35)

其中，等号左边项可以通过性能变量预测得到，等号右边项为常数，因此一定能找到一个使式(4.35)成立的 T_1^*。

　　下面考虑 $N > 1$ 时的情形。易知，最优值 N^* 必须满足下式，即

$$C(N+1,T) \geqslant C(N,T) \quad (4.36)$$

若最优值 $N^* > 1$，还必须满足下式，即

$$C(N,T) < C(N-1,T) \tag{4.37}$$

对于任意 $T \geqslant t_L > 0$，经过相应的计算可得

$$[C(N+1,T) - C(N,T)](NT - t_L)\left(N+1-\frac{t_L}{T}\right) = A(N,T) + c_{\mathrm{p}} - c_{\mathrm{r}} \tag{4.38}$$

其中

$$A(N,T)$$

$$= c_{\mathrm{m},1}\underbrace{\left[\left(N-\frac{t_L}{T}\right)N_{k+N}^1 - \hat{N}_{t,k+1}^1 - N_{k+1,k+N}^1\right]}_{A_1(N,T)} + c_{\mathrm{m},2}\underbrace{\left[\left(N-\frac{t_L}{T}\right)N_{k+N}^2 - N_{t,k+N}^2\right]}_{A_2(N,T)} - \frac{c_{\mathrm{p}}t_L}{T}$$

$$\tag{4.39}$$

在引出 $A(N,T)$ 相关结论前，首先给出如下引理：

引理 4.2　若 $h_0(s)$ 和 $\lambda(s)$ 皆为关于 s 的严格单调增函数，那么对任意 $T \geqslant t_L > 0$，N_j^1 关于 j 单调递增；对于固定的 N，$N_j^1(T)$ 关于 $T \geqslant t_L$ 单调递增。

证明：根据 N_j^1 的定义，对于 j 和 $j+1$ 有

$$N_{j+1}^1(T) - N_j^1(T)$$

$$= \Lambda_{j+1}^1(T)\mathrm{e}^{(a-1)N_{t,j+1}^2} - \Lambda_j^1(T)\mathrm{e}^{(a-1)N_{t,j}^2}$$

$$= a^{\tilde{N}_2}\mathrm{e}^{(a-1)\int_t^{t_{j+1}}\lambda(s)\mathrm{d}s}\int_0^T A_{j+1}h_0(y_{j+1}^+ + u)\mathrm{d}u - a^{\tilde{N}_2}\mathrm{e}^{(a-1)\int_t^{t_j}\lambda(s)\mathrm{d}s}\int_0^T A_j h_0(y_j^+ + u)\mathrm{d}u$$

$$\tag{4.40}$$

显然，由于失效率函数调整因子皆为大于 1 的常数，因此 $A_{j+1} > A_j$。根据有效役龄的定义可得 $y_{j+1}^+ > y_j^+$。同时，由于 $h_0(s)$ 和 $\lambda(s)$ 皆为关于 s 的严格单调增函数，故 $h_0(y_{j+1}^+ + u) > h_0(y_j^+ + u)$，$N_{t,j+1}^2 > N_{t,j}^2$。于是，$N_{j+1}^1(T) - N_j^1(T) > 0$。因此，对任意 $T \geqslant t_L > 0$，N_j^1 关于 $j(j = k+1, k+2, \cdots, k+N-1)$ 单调递增。

下面证明定理的第二部分。易知，y_j^+ 和 t_j 皆随着预防性维修间隔 T 的增大而增大，再加上 $h_0(s)$ 和 $\lambda(s)$ 都为关于 s 的严格单调增函数，因此根据 $N_j^1(T)$ 的表达式很容易得出 $N_j^1(T)$ 关于 $T \geqslant t_L$ 单调递增的结论。证毕。

引理 4.3 　若 $h_0(s)$ 和 $\lambda(s)$ 皆为 s 的严格单调增函数, 则对任意 $T(t) \geqslant t_L > 0$, $A(N,T)$ 关于 N 单调递增。

证明: 由 $\lambda(s)$ 是 s 的严格单调增函数可得, $N_{j+1}^2 > N_j^2$。根据引理 4.1, 可得

$$A(N+1,T) - A(N,T)$$

$$= c_{m,1}\left[\left(N+1-\frac{t_L}{T}\right)N_{k+N+1}^1 - N_{k+1,k+N+1}^1 - \left(N-\frac{t_L}{T}\right)N_{k+N}^1 + N_{k+1,k+N}^1\right]$$

$$+ c_{m,2}\left[\left(N+1-\frac{t_L}{T}\right)N_{k+N+1}^2 - N_{t,k+N+1}^2 - \left(N-\frac{t_L}{T}\right)N_{t,k+N}^2 + N_{t,k+N}^2\right]$$

$$= \left(N+1-\frac{t_L}{T}\right)\sum_{i=1}^{2} c_{m,i}(N_{k+N+1}^i - N_{k+N}^i) > 0 \tag{4.41}$$

引理得证。证毕。

为了研究 $A(N,T)$ 在 $N > 1$ 时关于 $T \geqslant t_L$ 的单调性, 以 $\varepsilon_k(\tau)(0 \leqslant \tau \leqslant T - t_L)$ 表示实际失效率的预测值 $h(t+\tau \mid t)$ 与 $h_k(t+\tau)$ 之间的误差, 即 $\varepsilon_k(\tau) = h(t+\tau \mid t) - h_k(t+\tau)$, 并且 $|\varepsilon_k(\tau)| \leqslant \varepsilon_u$。令 $D(j) = \partial N_{k+j+1}^1 / \partial T - \partial N_{k+j}^1 / \partial T$, $j = 1, 2, \cdots, N-1$, 则有

$$D(j) = \frac{\partial N_{k+j+1}^1}{\partial T} - \frac{\partial N_{k+j}^1}{\partial T}$$

$$= e^{(a-1)N_{t,k+j+1}^2} \frac{\partial \Lambda_{k+j+1}^1}{\partial T} + (a-1)N_{k+j+1}^1 \frac{N_{t,k+j+1}^2}{\partial T}$$

$$- e^{(a-1)N_{t,k+j}^2} \frac{\partial \Lambda_{k+j}^1}{\partial T} - (a-1)N_{k+j}^1 \frac{N_{t,k+j}^2}{\partial T}$$

$$= (a-1)N_{k+j+1}^1 \frac{N_{t,k+j+1}^2}{\partial T} + a^{\tilde{N}_2} A_{k+j+1} e^{(a-1)N_{t,k+j+1}^2}$$

$$\cdot \left[h_0(y_{k+j+1}^+ + T)\left(\sum_{l=1}^{j+1} b_{k+l} + 1\right) - h_0(y_{k+j+1}^+)\sum_{l=1}^{j+1} b_{k+l}\right]$$

$$- (a-1)N_{k+j}^1 \frac{N_{t,k+j}^2}{\partial T} - e^{(a-1)N_{t,k+j}^2} a^{\tilde{N}_2} A_{k+j}\left[h_0(y_{k+j}^+ + T)\left(\sum_{l=1}^{j+1} b_{k+l} + 1\right)\right.$$

$$- h_0(y_{k+j+1}^+) \sum_{l=1}^{j+1} b_{k+l} \Bigg]$$

$$= (a-1)\left(\frac{\partial N_{t,k+j+1}^2}{\partial T} N_{k+j+1}^1 - \frac{\partial N_{t,k+j}^2}{\partial T} N_{k+j}^1 \right) + e^{(a-1)N_{t,k+j+1}^2}$$

$$\cdot a^{\tilde{N}_2} A_{k+j+1} \left[h_0(y_{k+j+1}^+ + T)\left(\sum_{l=1}^{j+1} b_{k+l} + 1 \right) - h_0(y_{k+j+1}^+) \sum_{l=1}^{j+1} b_{k+l} \right]$$

$$- e^{(a-1)N_{t,k+j}^2} a^{\tilde{N}_2} A_{k+j} \left[h_0(y_{k+j}^+ + T)\left(\sum_{l=1}^{j} b_{k+l} + 1 \right) - h_0(y_{k+j}^+) \sum_{l=1}^{j} b_{k+l} \right]$$

$$> (a-1)[(j+1)\lambda(t_k + (j+1)T) - j\lambda(t_k + jT)]N_{k+j}^1$$

$$+ e^{(a-1)N_{t,k+j}^2} a^{\tilde{N}_2} A_{k+j} b_{k+j+1} [h_0(y_{k+j}^+ + T) - h_0(y_{k+j}^+)]$$

$$> j(a-1)[\lambda(t_k + (j+1)T) - \lambda(t_k + jT)]N_{k+j}^1$$

$$+ a^{\tilde{N}_2} A_{k+j} b_{k+j+1} e^{(a-1)N_{t,k+j}^2} [h_0(y_k^+ + T) - h_0(y_k^+)]$$

$$= j(a-1)[\lambda(t_k + (j+1)T) - \lambda(t_k + jT)]N_{k+j}^1$$

$$+ e^{(a-1)N_{t,k+j}^2} \prod_{l=1}^{j} a_{k+l} b_{k+j+1} \frac{\partial N_{t,k+1}^1}{\partial T} \tag{4.42}$$

其中，第一个不等式根据 $a_{k+j+1} > 1$、$N_{t,k+j+1} > N_{t,k+j}$，以及 $h_0(s)$ 和 $\lambda(s)$ 的单调凸增性获得；第二个不等式由 $h_0(s)$ 的单调凸增性获得。

在上述讨论的基础上，进一步可得

$$(N-1)\frac{\partial N_{k+N}^1}{\partial T} - \sum_{j=1}^{N-1}\frac{\partial N_{k+j}^1}{\partial T} = \sum_{j=1}^{N-1}\left(\frac{\partial N_{k+N}^1}{\partial T} - \frac{\partial N_{k+j}^1}{\partial T} \right)$$

$$> \sum_{j=1}^{N-1}\left(\frac{\partial N_{k+j+1}^1}{\partial T} - \frac{\partial N_{k+j}^1}{\partial T} \right)$$

$$> \sum_{j=1}^{N-1}\left\{ j(a-1)[\lambda(t_k + (j+1)T) - \lambda(t_k + jT)]N_{k+j}^1 \right.$$

$$\left. + e^{(a-1)N_{t,k+j}^2} \prod_{l=1}^{j} a_{k+l} b_{k+j+1} \frac{\partial N_{t,k+1}^1}{\partial T} \right\}$$

$$> (a-1)(N-1)N_{k+1}^1[\lambda(t_k + NT) - \lambda(t_k + T)]$$

$$+ \sum_{j=1}^{N-1} \left(\exp((a-1)N_{t,k+j}^2) \prod_{l=1}^{j} a_{k+l}b_{k+j+1} \right) \frac{\partial N_{t,k+1}^1}{\partial T}$$

$$> (a-1)(N-1)a^{\tilde{N}_2} A_{k+1} \int_0^{t_L} h_0(y_k^+ + t_L + u)\mathrm{d}u$$

$$\cdot [\lambda(t_k+NT) - \lambda(t_k+T)] + D_2(N)\frac{\partial N_{t,k+1}^1}{\partial T}$$

$$= D_1(N) + D_2(N)\frac{\partial N_{t,k+1}^1}{\partial T}$$

(4.43)

其中，最后一个不等式根据 $\lambda(s)$ 和 $h_0(s)$ 的单调凸增性和 $T \geqslant t_L$ 获得；$D_1(N) = (a-1)(N-1)a^{\tilde{N}_2} A_{k+1} \int_0^{t_L} h_0(y_k^+ + t_L + u)\mathrm{d}u[\lambda(t_k+NT) - \lambda(t_k+T)]$，且 $D_1(N)$ 关于 $N > 1$ 单调递增。因此，存在一个最小值 N_1，使不等式 $D_1(N) > \varepsilon_u$ 在 $N > N_1$ 时成立，即 $N_2 = \min_{N>1}\{D_1(N) > \varepsilon_u, N \in \mathbb{N}\}$。此外，$D_2(N) = \sum_{j=1}^{N-1}\left(\mathrm{e}^{(a-1)N_{t,k+j}^2} \prod_{l=1}^{j} a_{k+l}b_{k+j+1} \right)$。由于 $\lambda(s)$ 为 s 的单调增函数，因此当 $\prod_{l=1}^{j} a_{k+l}b_{k+j+1} > 1$ 时，必能找到一个最小值 N_2，使 $D_2(N) > 1$ 在 $N > N_2$ 时成立，即 $N_2 = \min_{N>1}\{D_2(N) > 1, N \in \mathbb{N}\}$。综上，令 $N_0 = \max\{N_1, N_2\}$，下面给出当 $N > N_0$ 时，$A(N,T)$ 关于 $T \geqslant t_L$ 的单调性。证毕。

引理 4.4 若 $\prod_{l=1}^{j} a_{k+l}b_{k+j+1} > 1$，$j \in \mathbb{N}$，若存在 N_0，使 $A(N,T)$ 在 $N > N_0$ 时关于 $T \geqslant t_L$ 单调递增。

证明：对式(4.39)两边关于 T 求导，可得

$$\frac{\partial A(N,T)}{\partial T} = \frac{\partial A_1(N,T)}{\partial T} + \frac{\partial A_2(N,T)}{\partial T} + \frac{c_p t_L}{T^2}$$

(4.44)

当 $N > N_0$ 时，有

$$\frac{\partial A_1(N,T)}{\partial T} = \frac{t_L}{T^2}N_{k+N}^1 + \left(N - \frac{t_L}{T}\right)\frac{\partial N_{k+N}^1}{\partial T} - \sum_{j=1}^{N-1}\frac{\partial N_{k+j}^1}{\partial T} - \frac{\partial \hat{N}_{t,k+1}^1}{\partial T}$$

$$= \frac{t_L}{T^2}N_{k+N}^1 + \left(1 - \frac{t_L}{T}\right)\frac{\partial N_{k+N}^1}{\partial T} + (N-1)\frac{\partial N_{k+N}^1}{\partial T} - \sum_{j=1}^{N-1}\frac{\partial N_{k+j}^1}{\partial T} - \frac{\partial \hat{N}_{t,k+1}^1}{\partial T}$$

$$> (N-1)\frac{\partial N_{k+N}^1}{\partial T} - \sum_{j=1}^{N-1}\frac{\partial N_{k+j}^1}{\partial T} - \frac{\partial}{\partial T}\left(\int_0^{T-t_L}(h_k(t+\tau)+\varepsilon_u)\mathrm{d}\tau\right)$$

$$> D_1(N) + D_2(N)\frac{\partial N_{t,k+1}^1}{\partial T} - \frac{\partial}{\partial T}\left(\int_0^{T-t_L}h_k(t+\tau)\mathrm{d}\tau\right) - \varepsilon_u$$

$$> D_1(N) + D_2(N)\frac{\partial N_{t,k+1}^1}{\partial T} - \frac{\partial N_{t,k+1}^1}{\partial T} - \varepsilon_u > 0 \tag{4.45}$$

此外，根据 $\lambda(s)$ 关于 s 的单调凸增性，可知 $\partial A_2(N,T)/\partial T$（可以参考 $\partial A_1(N,T)/\partial T > 0$ 的证明，这里不再赘述）和 $c_p t_L / T^2$ 皆大于 0。综上可知，当 $N > N_0$ 时，$A(N,T)$ 关于 $T \geqslant t_L$ 单调递增。证毕。

需要说明的是，引理 4.4 中的条件 $\prod_{l=1}^j a_{k+l}b_{k+j+1} > 1$ 只是结论成立的充分条件。在实际计算过程中，使结论成立的 N 值可能比获得的 N_0 值要小。

定理 4.1　若 $h_0(s)$ 和 $\lambda(s)$ 皆为关于 s 的严格单调增函数，则对于任意固定的 $T \geqslant t_L > 0$，存在唯一的 N_T^* 满足下式，即

$$N_T^* = \underset{N>1}{\arg\min}\{A(N,T) \geqslant c_r - c_p\} \tag{4.46}$$

而且，令 $\bar{N}_T^* = \underset{N>N_0}{\arg\min}\{A(N,T) \geqslant c_r - c_p\}$，那么当 $T_1 \leqslant T_2$ 时，有 $\bar{N}_{T_1}^* \geqslant \bar{N}_{T_2}^* > N_0$。

证明：根据引理 4.3 易知定理前半部分成立。下面证明定理的后半部分。首先，由前半部分可确认 $\bar{N}_T^*$ 的存在性。当 $T_1 \leqslant T_2$ 时，根据引理 4.4，可得

$$A(\bar{N}_{T_1}^*, T_2) \geqslant A(\bar{N}_{T_1}^*, T_1) \geqslant c_r - c_p \tag{4.47}$$

由 $A(N,T)$ 关于 N 的单调性，可得 $\bar{N}_{T_1}^* \geqslant \bar{N}_{T_2}^* > N_0$。证毕。

对式(4.33)两边关于 T 求导，并令所得结果为 0，整理可得

$$\frac{\partial C}{\partial T}\frac{(NT-t_L)^2}{N} = B(N,T) - (N-1)c_p - c_r = 0 \tag{4.48}$$

其中

$$B(N,T)$$

$$= c_{\mathrm{m},1}\left\{\left(T - \frac{t_L}{N}\right)\frac{\partial \hat{N}^1_{t,k+1}}{\partial T} - \hat{N}^1_{t,k+1} + \sum_{j=1}^{N-1}\left[\left(T - \frac{t_L}{N}\right)\frac{\partial N^1_{k+j}}{\partial T} - N^1_{k+j}\right]\right\}$$

$$+ c_{\mathrm{m},2}\left[\left(T - \frac{t_L}{N}\right)\frac{\partial N^2_{t,k+N}}{\partial T} - N^2_{t,k+N}\right] \tag{4.49}$$

定理 4.2　若 $h_0(s)$ 和 $\lambda(s)$ 皆为 s 的严格单调凸增函数，则对于任意固定的 $N>1$，存在 $T_N^* \geqslant t_L$，使式(4.33)最小化。

证明：首先证明当 $T \to \infty$ 时，$B(N,T)$ 也趋于无穷大。考虑到 $\lambda(s)$ 为严格单调凸增函数，那么对于 $j = 1,2,\cdots,N-1$，有

$$\frac{\partial N^2_{t,k+j}}{\partial T} = \frac{\partial\left(N^2_{t,k+1} + \sum_{l=1}^{j-1}N^2_{k+l}\right)}{\partial T}$$

$$= \lambda(t_{k+1}) - \lambda(t) + \sum_{l=1}^{j-1}[(j+1)\lambda(t_{k+j+1}) - j\lambda(t_{k+j})]$$

$$\geqslant \lambda(t_{k+1}) - \lambda(t)$$

$$= \lambda(t_k + T - t_L) - \lambda(t) \tag{4.50}$$

因此，当 T 趋于无穷大时，总能找到使 $(T - t_L/N)(a-1)(\lambda(t_{k+1}) - \lambda(t)) > 1$ 的 T，将其记为 T_0，可得

$$\left(T - \frac{t_L}{N}\right)\frac{\partial N^1_{k+j}}{\partial T} = \left(T - \frac{t_L}{N}\right)\left\{(a-1)N^1_{k+j}\frac{\partial N^2_{t,k+j}}{\partial T} + a^{\tilde{N}_2}A_{k+j}\mathrm{e}^{(a-1)N^2_{t,k+j}}\right.$$

$$\cdot\left[h_0(y^+_{k+j} + T)\left(\sum_{l=1}^{j}b_{k+l} + 1\right) - h_0(y^+_{k+j})\sum_{l=1}^{j}b_{k+l}\right]$$

$$> \left(T - \frac{t_L}{N}\right)\left[(a-1)N^1_{k+j}\frac{\partial N^2_{t,k+j}}{\partial T} + a^{\tilde{N}_2}A_{k+j}\mathrm{e}^{(a-1)N^2_{t,k+j}}h_0(y^+_{k+j} + T)\right]$$

$$\geqslant \left(T - \frac{t_L}{N}\right)\left[(a-1)(\lambda(t_{k+1}) - \lambda(t))N^1_{k+j} + a^{\tilde{N}_2}A_{k+j}\mathrm{e}^{(a-1)N^2_{t,k+j}}h_0(y^+_{k+j} + T)\right]$$

$$> N^1_{k+j} + \left(T - \frac{t_L}{N}\right)a^{\tilde{N}_2}A_{k+j}\mathrm{e}^{(a-1)N^2_{t,k+j}}h_0(y^+_{k+j} + T)$$

$$\tag{4.51}$$

也就是，当 $T > T_0$ 时，有

$$\left(T - \frac{t_L}{N}\right)\frac{\partial N_{k+j}^1}{\partial T} - N_{k+j}^1 - N_{k+j}^1 > \left(T - \frac{t_L}{N}\right)a^{\tilde{N}_2}A_{k+j}e^{(a-1)N_{t,k+j}^2}h_0(y_{k+j}^+ + T)$$

$$(4.52)$$

显然，式(4.52)中的右项在 $T \to \infty$ 时，也趋于无穷，且有

$$\left(T - \frac{t_L}{N}\right)\frac{\partial \hat{N}_{t,k+1}^1}{\partial T} - \hat{N}_{t,k+1}^1 = \left(T - \frac{t_L}{N}\right)h(t_k + T \mid t) - \int_0^{T-t_L} h(t + \tau \mid t)\mathrm{d}\tau$$

$$> (T - t_L)h(t_k + T \mid t) - (T - t_L)h(t_k + T \mid t) = 0 \quad (4.53)$$

因此，当 T 趋于无穷大时，$B(N,T) \to \infty$，即 $B(N,T) > (N-1)c_p + c_r$。

下面分两种情况证明 T_N^* 的存在性。若存在 $\hat{T} \geqslant t_L$ 使 $B(N,\hat{T}) \leqslant (N-1)c_p + c_r$，则必定存在 T_N^* 使式(4.48)成立。若对任意 $T \geqslant t_L$ 和 $N > 1$ 总有 $B(N,T) > (N-1)c_p + c_r$，则式(4.48)左项总大于 0，也就是 $C(N,T)$ 关于 $T > t_L$ 单调，此时 $T_N^* = t_L$。

综上可得，若 $h_0(s)$ 和 $\lambda(s)$ 皆为关于 s 的严格单调凸增函数，则对于任意固定的 $N > 1$，存在 $T_N^* \geqslant t_L$，使式(4.33)最小化。

定理 4.3　令 $T_a \triangleq c_p / \min_{T \geqslant t_L}\{C(2,T)\}$，若满足 $a^{N_2(t_k)}\prod_{l=1}^j a_{k+l}b_{k+j+1} > 1$，$j \in \mathbb{N}$，且失效率函数 $h_0(s)$ 和 $\lambda(s)$ 皆为关于 s 的严格单调凸增函数，则目标函数 $\min\{C(N,T), N \in \mathbb{N}, T \geqslant t_L\}$ 存在最优解 $1 \leqslant N^* < \infty$ 和 $t_L \leqslant T^* < \infty$，并且

$$\min\{C(N,T), N \in \mathbb{N}, T \geqslant t_L\} = \min\{C(N,T), 1 \leqslant N \leqslant \bar{N}_{T_a}^*, T \geqslant t_L\} \quad (4.54)$$

证明：当 $t_L \leqslant T \leqslant T_a$ 时，可得

$$C(N,T) = \frac{c_{m,1}(\hat{N}_{t,k+1}^1 + N_{k+1,k+N}^1) + c_{m,2}N_{t,k+N}^2 + (N-1)c_p + c_r}{NT - t_L}$$

$$> \frac{c_p}{T} \geqslant \frac{c_p}{T_a}$$

$$= \min_{T \geqslant t_L}\{C(2,T)\}$$

$$\geqslant \inf\{C(N,T), N \in \mathbb{N}, T \geqslant t_L\}$$

$$(4.55)$$

因此，只需要考虑 $T \geqslant T_a$ 的情形，即

$$
\begin{aligned}
\inf\{C(N,T), N \in \mathbb{N}, T \geqslant t_L\} &= \inf\{C(N,T), N \in \mathbb{N}, T \geqslant T_a\} \\
&= \inf_{T > T_a} \min_{N > 1}\{C(N,T)\} \\
&= \inf_{T > T_a}\left\{\min_{1 < N \leqslant N_0}\{C(N,T)\}, \min_{N_0 < N}\{C(N,T)\}\right\} \\
&= \min\left\{\inf_{T > T_a}\min_{1 < N \leqslant N_0}\{C(N,T)\}, \inf_{T > T_a}\min_{N_0 < N}\{C(N,T)\}\right\} \\
&= \min\left\{\inf_{T > T_a}\min_{1 < N \leqslant N_0}\{C(N,T)\}, \inf_{T > T_a}\min_{N_0 < N \leqslant \bar{N}_{T_a}^*}\{C(N,T)\}\right\} \\
&= \inf_{T > T_a}\min_{1 < N \leqslant \bar{N}_{T_a}^*}\{C(N,T)\}
\end{aligned}
$$

$$(4.56)$$

其中，倒数第二个等式可以根据定理 4.1 得到。显然，

$$
\inf_{T > T_a}\min_{1 < N \leqslant \bar{N}_{T_a}^*}\{C(N,T)\} \geqslant \inf\{C(N,T), N \in \mathbb{N}, T \geqslant t_L\} \tag{4.57}
$$

因此，根据式(4.56)和式(4.57)可得

$$
\min\{C(N,T), N \in \mathbb{N}, T \geqslant t_L\} = \min\{C(N,T), 1 \leqslant N \leqslant \bar{N}_{T_a}^*, T \geqslant t_L\} \tag{4.58}
$$

因此，定理得证。证毕。

在以上定理的基础上，给出由式(4.33)表示的目标函数优化求解的算法(算法 4.2)。

算法 4.2　维修目标优化算法

---

1. 给定 $h_0(\cdot)$，$\lambda(\cdot)$，a_i，b_i，ϕ_{th}，c_r，$c_{m,1}$，$c_{m,2}$，c_p，k，t_k，t_L。

2. 针对每一个 N，$1 \leqslant N \leqslant \bar{N}_{T_a}^*$，分以下两种情况进行处理。

　① 当 $N = 1$ 时，对式(4.35)进行求解，并记其解为 T_1^*。

　② 当 $N > 1$ 时，先确定 $\min\limits_{T > t_L} C(2,T)$，再根据 T_a 的定义确定 T_a，进而确定 $\bar{N}_{T_a}^*$。针对每一个 N，求解使式(4.48)成立的 T_N^*，若解不存在，则根据定理 4.2 可知 $T_N^* = t_L$。

3. 计算 $\min\{C(2,T_2^*), C(3,T_3^*), \cdots, C(\bar{N}_{T_a}^*, T_{\bar{N}_{T_a}^*}^*), C(1,T_1^*)\}$，将与最小值对应的 N 和 T 分别记为 N^* 和 T^*，即为式(4.33)的最优解。

根据该算法获得当前时刻 t 的最优预防性维修次数 $N^*(t)$ 和 $T^*(t)$ 后，就可以进行维修决策。如果通过决策确定最近一次预防性维修实施离当前时刻时间较长，那么就让设备继续运行，而不采取任何维修措施。若 $T^*(t) - t < \Delta t$，则进行预防性维修。替换操作发生在以下两种场合：一是当预防性维修次数 $N^*(t) = 1$ 时，也就是在替换之前不需要再进行预防性维修；二是预防性维修时间间隔 $T^*(t) < \Delta t$ 时，会导致频繁的维修。实时维修决策算法(算法 4.3)如下。

算法 4.3　实时维修决策算法

---

1. 第 k 次维修后，让系统运行 t_L 个单位时间以获取足够的性能退化数据。
2. 在当前时刻 $t = t_k + t_L$，计算在 t 时刻前不可修失效模式已经发生失效的次数，并运行实时可靠性预测算法获得 $R(t_{k+1} \mid t)$。
3. 执行算法 4.2，并输出 $N^*(t)$ 和 $T^*(t)$。
4. 根据获得的最优值做出合理的决策。
   - (1) 若 $T^*(t) - t_L \leqslant \Delta t$ 且 $N^*(t) = 1$，或者 $T^*(t) < \Delta t$，则实施替换措施，并令 $k = 0$，然后返回步骤 1。
   - (2) 若 $T^*(t) - t_L \leqslant \Delta t$ 且 $N^*(t) > 1$，则实施第 $k+1$ 次预防性维修。之后令 $k = k+1$，并返回步骤 1。
   - (3) 若 $T^*(t) - t_L > \Delta t$，则令 $t_L = t_L + \Delta t$，并返回步骤 2。

4.6　仿 真 验 证

本节将利用文献[20]提供的钻头推力数据进行仿真验证。与该文献一样，这里也将钻头的推力数据作为性能变量。除了受疲劳失效模式的影响，钻头还可能受到冲击失效模式的影响。例如，需要打孔的材料通常并不均匀，这导致钻头在打孔过程中，可能突然碰到坚硬的材料，使其突然受到冲击，进而影响疲劳失效模式。这里采用 4.3.2 节中的指数平滑方法对钻头进行性能可靠性预测，指数平滑算法中的参数 $\alpha = \beta = 0.6$，采样间隔 $\Delta t = 1$。钻头分别打完 37 个和 38 个孔后的条件可靠性曲线如图 4.1 所示。

根据系统的失效时间统计数据，选择可修失效模式的失效率函数形式

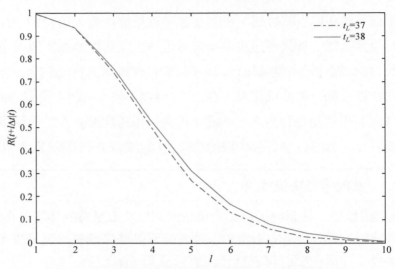

图 4.1 钻头分别打完 37 个和 38 个孔后的条件可靠性曲线

为 $h_0(s) = \lambda_1 \beta_1 (\lambda_1 s)^{\beta_1 - 1}$，不可修失效模式的失效次数来到过程的强度函数为 $\lambda_0(s) = \lambda_2 \beta_2 (\lambda_2 s)^{\beta_2 - 1}$、$\lambda_1 = 0.5$、$\lambda_2 = 0.2$、$\beta_1 = 1.1$、$\beta_2 = 1.2$。费用相关参数为 $c_p = 50$、$c_{m,1} = 4$、$c_{m,2} = 10$、$c_r = rc_p$，其中 $r \in \{1.1, 2, 3, 10, 50\}$ 为替换费用与预防性维修费用之比。不完美维修模型中涉及的调整因子分别为 $a = 1.05$、$a_k = (6k+1)/(5k+1)$、$b_k = k/(2k+1)$，$k \in \mathbb{N} \cup 0$。与由不可维修失效模式失效引起的冲击相关的参数分别为 $D = 1.5$、$\mu_W = 1.2$。仿真结果如图 4.2～图 4.4 以及表 4-1 所示。需要注意的是，由于采样间隔的存在，

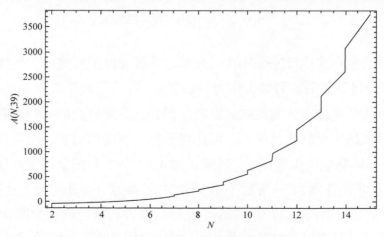

图 4.2 $A(N, 39)$ 关于 N 的变化曲线（$r = 1.1, t_L = 37$）

算法 4.1 只能得到离散时间点内的期望失效次数。对于两个任意时刻内的期望失效次数，可以通过假设相邻时刻间的期望次数线性增长来实现。

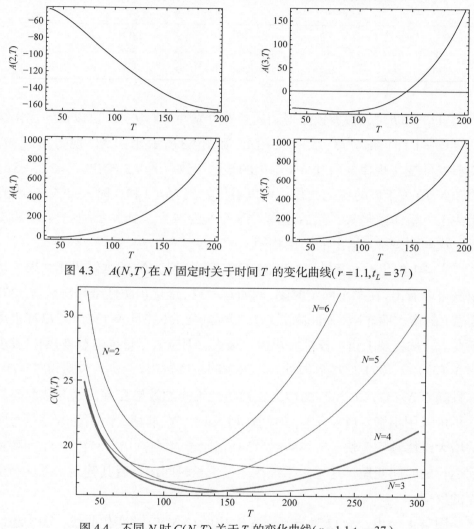

图 4.3　$A(N,T)$ 在 N 固定时关于时间 T 的变化曲线（$r = 1.1, t_L = 37$）

图 4.4　不同 N 时 $C(N,T)$ 关于 T 的变化曲线（$r = 1.1, t_L = 37$）

表 4.1　t_L 分别为 37 和 38 时与不同 r 值对应的优化结果

$r = c_r/c_p$	$t_L = 37$			$t_L = 38$		
	N^*	T^*	$C(N^*, T^*)$	N^*	T^*	$C(N^*, T^*)$
1.1	4	132	16.4422	4	126	17.5620
2	4	145	17.3115	3	140	18.4722

续表

$r = c_r/c_p$	$t_L = 37$			$t_L = 38$		
	N^*	T^*	$C(N^*,T^*)$	N^*	T^*	$C(N^*,T^*)$
3	4	158	18.1896	3	208	19.9461
10	3	302	22.9004	3	300	24.7168
50	2	834	38.6238	2	833	41.5534

当 $t_L = 37$ 时，根据预测得到的条件可靠性与算法 4.2 可以得到优化结果。当 $r = 1.1$ 时，部分运行结果如图 4.2 和图 4.3 所示。图 4.2 体现的 $A(N,39)$ 关于 N 的变化规律与引理 4.3 给出的结论一致。图 4.3 给出 $N = 2,3,4,5$ 时的 $A(N,T)$ 关于 T 的变化曲线。可以看出，当 $N = 2$ 和 3 时，$A(N,T)$ 刚开始关于 T 呈递减趋势，然后递增。随着 N 的变大，$A(N,T)$ 关于 T 单调递增，这与引理 4.4 给出的结论相同。

表 4-1 给出 t_L 分别为 37 和 38 时与不同 r 值对应的维修优化结果。从该表可以看出，在某个固定时刻，例如 $t_L = 37$，最优预防性维修次数 $N^*(37)$ 随着 r 的增大而非减，而间隔 $T^*(37)$ 却逐渐变大，并且 $N^*(37) \times T^*(37)$ 也逐渐变大。从直观上讲，若替换费用 c_r 很大，则应该尽量推迟替换操作[表现为 $N^*(37) \times T^*(37)$ 变大]。另外，c_r 很大的小修费用 $c_{m,1}$ 和 $c_{m,2}$ 则相对较小，并且随着 $N^*(37) \times T^*(37)$ 的增大，预防性维修的效果变差，这导致此时应该尽量采用小修。当 r 不变、时间 t_L 增大时，N^* 非增，说明随着运行时间的增大维修频率变快，$N^*(38) \times T^*(38)$ 相比于 $N^*(37) \times T^*(37)$ 变小，即替换前运行的时间变短。这正是系统在经过更长时间运行后其健康状态逐渐变差的反应。

图 4.4 给出 $t_L = 37$ 时与不同 N 对应的 $C(N,T)$ 的变化曲线，图中粗线为包含最优解的曲线。

4.7 本 章 小 结

在预测维修框架下，本章研究了如何利用性能退化数据来安排一类存在单向影响失效模式的复杂系统在未来一段时间内的预防性维修次数以及维修实施的间隔。为了使单位时间内费用最小，本章首先利用实时可靠性预测技术对系统的可维修失效模式的可靠度进行预测，在此基础上估计未来一段时间内的失效期望数。然后，结合基于统计失效时间的失效率函数建立期望费用率模型。为了获得最优的预防性维修次数和实施间隔，本章证明了几个重要的引理和定理，并在此基础上提出了维修优化算法及实时决策算法。最后，利用钻头在钻孔过程的推力数据进行了仿真验证，结果表明了本章所提方法的有效性。

参 考 文 献

[1] Lin D, Zuo M, Yam R. Sequential imperfect preventive maintenance models with two categories of failure modes[J]. Naval Research Logistics, 2001, 48(2): 172-183.

[2] Murthy D N P, Nguyen D G. Study of two-component system with failure interaction[J]. Naval Research Logistics Quarterly, 1985, 32(2): 239-247.

[3] Scarf P A, Deara M. On the development and application of maintenance policies for a two-component system with failure dependence[J]. IMA Journal of Management Mathematics, 1998, 9(2): 91-107.

[4] Scarf P A, Deara M. Block replacement policies for a two-component system with failure dependence[J]. Naval Research Logistics, 2002, 50(1): 70-87.

[5] Nakagawa T, Murthy D N P. Optimal replacement policies for a two unit system with failure interactions[J]. RAIRO Recherche Opérationnelle, 1993, 27(4):427-438.

[6] Lai M T, Chen Y C. Optimal periodic replacement policy for a two-unit system with failure rate interaction[J]. The International Journal of Advanced Manufacturing Technology, 2006, 29(3): 367-371.

[7] Lin D, Zuo M J, Yam R C M. Sequential imperfect preventive maintenance models with two categories of failure modes[J]. Naval Research Logistics, 2001, 48(2): 172-183.

[8] El-Ferik S, Ben-Daya M. Age-based hybrid model for imperfect preventive maintenance[J]. IIE Transactions, 2006, 38(4): 365-375.

[9] Zequeira R I, Berenguer C. Periodic imperfect preventive maintenance with two categories of competing failure modes[J]. Reliability Engineering and System Safety, 2006, 91(4): 460-468.

[10] Aven T, Castro I. A minimal repair replacement model with two types of failure and a safety constraint[J]. European Journal of Operational Research, 2008, 188(2): 506-515.

[11] Castro I T. A model of imperfect preventive maintenance with dependent failure modes[J]. European Journal of Operational Research, 2009, 196(1): 217-224.

[12] Murthy D N P, Nguyen D G. Study of a multi-component system with failure interaction[J]. European Journal of Operational Research, 1985, 21(3): 330-338.

[13] Satow T, Osaki S. Optimal replacement policies for a two-unit system with shock damage interaction[J]. Computers and Mathematics with Applications, 2003, 46(7): 1129-1138.

[14] 国家技术监督局. 可靠性、维修性术语: GB/T 3187—94[S]. 北京: 中国标准出版社, 1994.

[15] Meeker W, Escobar L, Lu C. Accelerated degradation tests: modeling and analysis[J]. Technometrics, 1998, 40(2): 89-99.

[16] You M Y, Li L, Meng G, et al. Cost-effective updated sequential predictive maintenance policy for continuously monitored degrading systems[J]. IEEE Transactions on Automation Science and Engineering, 2010, 7(2): 257-265.

[17] Kim Y, Kolarik W. Real-time conditional reliability prediction from on-line tool performance data[J]. International Journal of Production Research, 1992, 30(8): 1831-1844.

[18] Lu S, Tu Y, Lu H. Predictive condition-based maintenance for continuously deteriorating systems[J]. Quality and Reliability Engineering International, 2007, 23(1): 71-81.

[19] Chinnam R. On-line reliability estimation of individual components, using degradation signals[J]. IEEE Transactions on Reliability, 1999, 48(4): 403-412.

[20] Lu H, Kolarik W, Lu S. Real-time performance reliability prediction[J]. IEEE Transactions on Reliability, 2001, 50(4): 353-357.

[21] Xu Z, Ji Y, Zhou D. Real-time reliability prediction for a dynamic system based on the hidden degradation process identification[J]. IEEE Transactions on Reliability, 2008, 57(2): 230-242.

[22] 周东华, 徐正国. 工程系统的实时可靠性评估与预测技术[J]. 空间控制技术与应用, 2008, 34(4): 3-10.

[23] Lewis C. Industrial and Business Forecasting Methods: A Practical Guide to Exponential Smoothing and Curve Fitting[M]. London: Butterworth Scientific, 1982.

[24] Nakagawa T. Maintenance Theory of Reliability[M]. London: Springer, 2005.

[25] 林元烈. 应用随机过程[M]. 北京: 清华大学出版社, 2002.

第5章 考虑性能监测数据存在丢失情形的剩余寿命估计方法

5.1 引 言

作为实现设备故障预测与健康管理的核心技术，剩余寿命估计近年来已经成为国内外研究的热点之一。得益于传感器技术的迅速发展，基于性能监测数据的剩余寿命预测得到研究人员持续的关注[1-3]。Si 等[4]根据设备状态监测数据的可观测性，对统计数据驱动的方法进行了综述。事实上，对于长期运行的传感器来说，在各种内外因素的影响下，其性能通常会发生退化，甚至发生间歇性故障，导致监测数据丢失。另外，为了实现无人值守情况下设备性能监测和视情维护，监测数据需要通过网络传输到监控主机，而在网络拥塞等原因的影响下，监测数据也会不可避免地出现丢失现象[5]。这类现象在状态估计相关文献中通常被称为不确定量测问题。目前，针对监测数据存在丢失情形下的剩余寿命估计方法的研究尚未见报道。需要指出的是，文献[6]考虑时变不确定性、个体差异性和测量不确定性这三层不确定性影响下线性随机退化设备的剩余寿命预测问题，其中的测量不确定性指存在测量误差，而不包括监测数据丢失情形。

因此，本章主要针对监测数据存在丢失情形下线性随机退化设备的剩余寿命估计方法进行研究。首先，采用带漂移的布朗运动对设备性能退化过程进行描述与建模，并在利用伯努利分布描述量测数据丢失情形的基础上建立性能退化观测方程。然后，利用针对量测数据缺失情形的状态估计算法对性能退化值进行估计，并将其代入首达时间意义下的剩余寿命分布表达式中，进而实现设备的实时剩余寿命估计，其中首达时间表示性能退化量首次达到失效阈值的时间。最后，利用数值仿真对本章所提方法的有效性进行验证。

5.2　性能退化建模

设备在运行过程中通常会发生性能退化，而性能退化过程通常采用随机过程 $\{x(t), t \geqslant 0\}$ 描述，其中 $x(t)$ 表示设备在 t 时刻的性能退化水平，其实现值为 $x(t)$。目前，用于性能退化建模的随机过程主要有 Wiener 过程[6]和 Gamma 过程[7]等。其中，Wiener 过程最初用于描述微小粒子的随机游动，非常适合描述设备性能退化水平在较短时间内的微小变化过程。因此，这里采用 Wiener 过程对设备性能退化过程进行建模和剩余寿命估计。通常情况下，基于 Wiener 过程的性能退化模型可以表示为

$$x(t) = x(0) + \eta t + \sigma B(t) \tag{5.1}$$

其中，η 为漂移系数，反映退化速率；σ 为扩散系数(或波动参数)；$B(t) \sim N(0,t)$ 表示标准布朗运动，刻画了退化过程的随机动态特征；$x(0) = x_0$ 为初始退化水平，服从均值为 μ_0、方差为 P_0 的正态分布。

需要说明的是，为了表征设备之间退化过程的差异性，目前大部分文献通常将 η 看成一个随机变量。由于本章主要研究监测数据丢失情形下的剩余寿命估计和最佳替换问题，因此为讨论方便，将漂移系数 η 看成一个确定性未知参数，相关结果经过变形可以推广到随机变量情形。

为了便于研究，首先需要根据标准布朗运动的特性将式(5.1)描述的连续性能退化过程改为离散时间形式。具体来说，带漂移的布朗运动有如下性质[8-10]：

$$x(t) \sim N(x_0 + \eta t, \sigma^2 t) \tag{5.2}$$

$$x(t + T) - x(t) \sim N(\eta T, \sigma^2 T) \tag{5.3}$$

其中，T 为采样周期。

根据式(5.3)，可以将式(5.1)改为

$$x_{n+1} = x_n + \eta T + \omega_{n+1} \tag{5.4}$$

其中，$x_n = x(nT)$；$\omega_n \sim N(0, \sigma^2 T)$。

为了准确掌握设备的健康状态，通常需要对其性能进行监测，并通过对监测数据的分析确定设备的真实性能退化水平，为后续的维修决策奠定基础。然而，在噪声、扰动等影响下，监测数据通常并不能完全准确地反映设备的真实退化状态，但是与真实退化状态之间存在一定的概率关系。一般情况下，量测过程 $\{y(t), t \geq 0\}$ 可以描述为

$$y(t) = x(t) + v(t) \tag{5.5}$$

其中，$v(t) \sim N(0, \delta^2)$ 为量测噪声，且与 $B(t)$ 相互独立。

然而在有些情况下，性能监测数据存在丢失情形。例如，通过网络传输的监测数据在网络发生拥塞情况下通常会发生丢失现象，使监测数据在时间轴上呈现不完整性。这将给基于监测数据的设备最优维护带来一定的困难。因此，当监测数据存在丢失时，需要根据监测数据丢失描述方法重新构造量测方程。监测数据丢失的描述方法主要有 Markov 过程、混合系统、伯努利随机二进制序列等[11]。这里采用伯努利随机二进制序列描述方法，因为利用伯努利二进制切换序列描述监测数据丢失问题具有物理简单和物理意义明确的优点。设 $z(t)$ 为存在监测数据丢失情形下设备在 t 时刻的性能监测值，当不存在数据丢失时，$z(t) = v(t)$；否则，$z(t)$ 只包含量测噪声，即 $z(t) = v(t)$。具体地，新量测过程为

$$z(t) = \beta(t)x(t) + v(t) \tag{5.6}$$

其中，$\beta(t)$ 为满足伯努利 0-1 分布的随机变量，用来描述监测数据是否存在丢失情形。

假设 $\beta(t)$ 的统计特性为

$$\begin{aligned}
P(\beta(t) = 1) &= E(\beta(t)) = \lambda \\
P(\beta(t) = 0) &= 1 - E(\beta(t)) = 1 - \lambda \\
E[(\beta(t) - E(\beta(t)))^2] &= (1-\lambda)\lambda
\end{aligned} \tag{5.7}$$

其中，λ 为虚警概率。

同样，对式(5.3)进行离散化，则有

$$z_n = \beta_n x_n + v_n \tag{5.8}$$

其中，$\{\beta_n, n \geqslant 1\}$ 为独立同 0-1 分布的随机变量序列；$\{v_n, n \geqslant 1\}$ 为独立同高斯分布的噪声，均值为 0，方差为 δ^2，并且 $\{\beta_n, n \geqslant 1\}$、$\{v_n, n \geqslant 1\}$ 和 $\{\omega_n, n \geqslant 0\}$ 相互独立。

因此，综合以上内容可得本章研究对象的系统方程为

$$\begin{cases} x_{n+1} = x_n + \eta T + \omega_{n+1} \\ z_{n+1} = \beta_{n+1} x_{n+1} + v_{n+1} \end{cases} \tag{5.9}$$

其中，$\omega_n \sim N(0, \sigma^2 T)$，$v_n \sim N(0, 8^2)$，性能退化初值 $x_0 \sim N(\mu_0, p_0)$。

为了计算动态系统(5.9)的剩余寿命分布，首先必须对部件的失效和剩余寿命进行定义。与文献[6]、[12]一样，这里采用首达时间的概念定义寿命。具体而言，当部件的性能退化量 $x(t)$ 首次达到事先设定的阈值 ϕ_{th} 时就发生失效，首次达到失效阈值的时间就是寿命，即

$$T = \inf\{t : x(t) \geqslant \omega \mid x_0 < \phi_{th}\} \tag{5.10}$$

由于性能退化过程本质上是一维纳过程，因此在首达时间意义下，设备寿命 T 的分布为逆高斯分布[13]，其概率密度函数为

$$f_T(t) = \frac{\phi_{th}}{\sqrt{2\pi t^3 \sigma^2}} \cdot \exp\left[-\frac{(\phi_{th} - \eta t)^2}{2\sigma^2 t}\right] \tag{5.11}$$

需要指出的是，式(5.11)定义的寿命分布中并没有考虑利用实时监测数据进行更新，而本章的目的在于利用实时监测的性能退化数据对设备的剩余寿命进行实时估计并更新。于是，进一步假设在时间点 $0 = t_0 < t_1 < \cdots < t_n$ 对设备的性能退化过程进行采样监测，并将到 t_n 时刻的所有监测数据和性能退化值分别记为 $Z_n = \{z_1, z_2, \cdots, z_n\}$，$X_n = \{x_0, x_1, \cdots, x_n\}$。然后，根据寿命的定义，可以进一步将设备在 t_n 时刻的剩余寿命描述为

$$L_n = \inf\{l_n > 0 : x(l_n + t_n) \geqslant \phi_{th}\}$$

根据文献[13]，剩余寿命 L_n 的分布仍然为逆高斯分布，其表达式为

$$f_{L_n|x_n}(l_n \mid x_n) = \frac{\phi_{th} - x_n}{\sigma\sqrt{2\pi l_n^3}} \cdot \exp\left[-\frac{(\phi_{th} - x_n - \eta l_n)^2}{2l_n \sigma^2}\right] \tag{5.12}$$

$$E(L_n \mid \eta, x_n) = \frac{\phi_{\text{th}} - x_n}{\eta} \qquad (5.13)$$

根据式(5.12)可知，在给定参数 ϕ_{th}、η 和 σ 后，剩余寿命分布可由当前时刻性能退化值 x_n 确定。但是，性能退化过程并不能被直接准确地监测，因此问题的核心就在于如何利用到 t_n 时刻的所有监测数据 Z_n 对当前性能退化值 x_n 进行准确估计，进而获得设备剩余寿命 L_n 的概率密度函数 $f_{L_n \mid Z_n}(l_n \mid Z_n)$ 及其分布函数 $F_{L_n \mid Z_n}(l_n \mid Z_n)$。

5.3　性能退化过程辨识

5.3.1　性能退化状态估计

动态系统(5.9)为带量测数据丢失情形的线性随机动态系统。对由式(5.9)描述的动态系统进行状态估计，本质上是解决量测数据存在丢失情形的滤波问题。由于存在数据随机缺失，因此无法直接采用卡尔曼滤波器对状态进行估计。针对监测数据存在随机缺失情形，根据文献[14]～[16]并结合卡尔曼滤波，可以给出均方误差最小意义下状态估计递推计算公式。具体步骤如下。

步骤 1：进行状态一步预测和计算预测误差协方差阵，即

$$\hat{x}_{n|n-1} = \hat{x}_{n-1|n-1} + \eta T \qquad (5.14)$$

$$P_{n|n-1} = P_{n-1|n-1} + \sigma^2 T \qquad (5.15)$$

步骤 2：计算滤波增益矩阵 K_n，即

$$K_n = \lambda P_{n|n-1}[\delta^2 + \lambda^2 P_{n|n-1} + \lambda(1-\lambda)S_n]^{-1} \qquad (5.16)$$

$$S_{n+1} = S_n + \sigma^2 T + 2(n\eta T + \mu_0) + (\eta T)^2, \quad S_0 = P_0 \qquad (5.17)$$

步骤 3：进行状态更新，即

$$\hat{x}_{n|n} = \hat{x}_{n|n-1} + K_n(z_n - \lambda \hat{x}_{n|n-1}) \qquad (5.18)$$

步骤 4：计算状态估计误差协方差阵，即

$$P_{n|n} = (I - \lambda K_n)P_{n|n-1} \tag{5.19}$$

通过上面这组公式的计算就可以获得当前性能退化状态的估计值。将当前状态的估计值 $\hat{x}_{n|n}$ 代入式(5.12)和式(5.13)就可以得到当前时刻设备的剩余寿命分布概率密度函数及其均值，即

$$f_{L_n|x_n}(l_n \mid x_n) = \frac{\phi_{\text{th}} - \hat{x}_{n|n}}{\sigma\sqrt{2\pi l_n^3}} \cdot \exp\left[-\frac{(\phi_{\text{th}} - \hat{x}_{n|n} - \eta l_n)^2}{2l_n\sigma^2}\right] \tag{5.20}$$

$$E(L_n \mid \eta, x_n) = \frac{\phi_{\text{th}} - \hat{x}_{n|n}}{\eta} \tag{5.21}$$

然而，动态系统(5.9)中存在未知参数，因此需要对这些未知参数进行估计。未知参数估计相关内容将在 5.3.2 节详细讨论。在参数估计过程中，需要用到状态的平滑值和一步滞后协方差。因此，这里先给出监测数据存在随机缺失情形时固定区间平滑和固定滞后平滑两种平滑算法。根据文献[16]，针对式(5.9)描述的动态系统，首先由滤波器得到 $\hat{x}_{n|n}$ 和 $P_{n|n}$，然后针对 $t = n-1, n-2, \cdots, 1, 0$，得到

$$\hat{x}_{t|n} = \hat{x}_{t|t} + J_t(\hat{x}_{t+1|n} - \hat{x}_{t+1|t}) \tag{5.22}$$

$$P_{t|n} = P_{t|t} + J_t(P_{t+1|n} - P_{t+1|t})J_t^{\text{T}} \tag{5.23}$$

$$J_t = P_{t|t}P_{t+1|t}^{-1} \tag{5.24}$$

式(5.25)～式(5.27)即为固定区间平滑器。针对本章研究的动态系统(5.9)，定理 5.1 给出一步滞后协方差平滑器。

定理 5.1　针对由式(5.9)描述的动态系统，若根据式(5.16)、式(5.19)和式(5.24)已经获得 K_t、$P_{t|t}$ 和 J_t，$t = 1, 2, \cdots, n$，则

$$P_{n,n-1|n} = (I - \lambda K_n)P_{n-1|n-1} \tag{5.25}$$

对于 $t = n, n-1, \cdots, 2$，有

$$P_{t-1,t-2|n} = P_{t-1|t-1}J_{t-2}^{\text{T}} + J_{t-1}(P_{t,t-1|n} - P_{t-1|t-1})J_{t-2}^{\text{T}} \tag{5.26}$$

该定理可以参照不存在数据丢失情形的一步滞后协方差平滑器进行推导，这里不再赘述。

5.3.2　参数估计

考虑漂移系数 η 可以通过状态估计值确定，这里不将其作为未知参数进行估计。因此，动态系统(5.9)涉及的未知参数包括初始退化水平的均值 μ_0、方差 P_0、扩散系数 σ^2 和量测噪声方差 δ^2 以及虚警率。为方便讨论，将这些未知参数标记为 $\theta = [\mu_0, P_0, \sigma^2, \delta^2, \lambda]^{\mathrm{T}}$。

实际上，在不确定量测情形下，每个时刻的量测 $z_i(i=1,2,\cdots,n)$ 的概率密度函数为

$$
\begin{aligned}
&p(z_i \mid x_i) \\
&= (1-\lambda)p_{v_i}(z_i) + \lambda p_{v_i}(z_i - x_i) \\
&= \sum_{j=1}^{2} \alpha_j \varphi_j(z_i; \xi_{ij})
\end{aligned}
\tag{5.27}
$$

其中，系数 $\alpha_1 = 1-\lambda$，$\alpha_2 = \lambda$，$\varphi_j(z_i; \xi_{ij})$ 为高斯分布概率密度函数，$j=1$ 时该高斯分布的均值和方差分别为 0 和 δ^2，$j=2$ 时分别为 x_i 和 δ^2，即 $\xi_{i1} = (0, \delta^2)$，$\xi_{i2} = (x_i, \delta^2)$。

进一步，令 0-1 型随机变量 $\gamma_{ij}(j=1,2)$ 表示第 i 个量测数据 z_i 是否来自第 j 个分模型，即当 z_i 来自第 j 个分模型时，$\gamma_{ij}=1$，否则为 0，且 $\gamma_{ij}(j=1,2)$ 与状态变量 x_i 相互独立。

利用极大似然估计方法对未知参数进行估计 θ 时，需要首先写出量测值的似然函数，即 $l(\theta) = p_\theta(Z_n)$，而在计算该似然函数时需要知道隐含变量 x_i 等信息。因此，可以在对状态进行估计后，利用 Newton-Raphson 算法对参数进行更新。考虑到期望极大化(expectation maximization，EM)是解决存在隐含变量时参数估计问题的常用方法，因此这里利用 EM 算法进行参数估计。对于由式(5.9)描述的离散时间线性动态系统，完整的数据应该为 (X_n, Z_n, Y_n)，其中 $Y_n = \{\gamma_1, \gamma_2, \cdots, \gamma_n\}$，$\gamma_i = \{\gamma_{i1}, \gamma_{i2}\}$。根据条件概率公式，有 $p_\theta(Z_n) = p_\theta(X_n, Y_n, Z_n)/p_\theta(X_n, Y_n \mid Z_n)$。由此，对数似然函数为

$$
\begin{aligned}
\ell(\theta) &= \lg p_\theta(Z_n) \\
&= \lg p_\theta(X_n, Y_n, Z_n) - \lg p_\theta(X_n, Y_n \mid Z_n)
\end{aligned}
\tag{5.28}
$$

由于存在隐含变量 X_n、Y_n，因此对式(5.28)两边关于 $X_n, Y_n \mid Z_n; \theta'$ 求期望，可得

$$
\begin{aligned}
\ell(\theta) = & E_{X_n, Y_n \mid Z_n; \theta'}[\lg p_\theta(X_n, Y_n, Z_n) \mid Z_n; \theta'] \\
& - E_{X_n, Y_n \mid Z_n; \theta'}[\lg p_\theta(X_n, Y_n \mid Z_n) \mid Z_n; \theta']
\end{aligned}
\tag{5.29}
$$

其中，θ' 为另一组参数的值。

接着，考察式(5.30)，即

$$
\begin{aligned}
& \ell(\theta) - \ell(\theta') \\
= & E_{X_n, Y_n \mid Z_n; \theta'}[\lg p_\theta(X_n, Y_n, Z_n) \mid Z_n; \theta'] - E_{X_n, Y_n \mid Z_n; \theta'}[\lg p_{\theta'}(X_n, Y_n, Z_n) \mid Z_n; \theta'] \\
& - \{E_{X_n, Y_n \mid Z_n; \theta'}[\lg p_\theta(X_n, Y_n \mid Z_n) \mid Z_n; \theta'] - E_{X_n, Y_n \mid Z_n; \theta'}[\lg p_{\theta'}(X_n, Y_n \mid Z_n) \mid Z_n; \theta']\} \\
= & Q(\theta; \theta') - Q(\theta'; \theta') + H(\theta; \theta') - H(\theta'; \theta')
\end{aligned}
$$

$$
\tag{5.30}
$$

根据 Jensen 不等式可知，不等式 $H(\theta; \theta') \geqslant H(\theta'; \theta')$ 总是成立，只要使不等式 $Q(\theta; \theta') \geqslant Q(\theta'; \theta')$ 成立，就有 $\ell(\theta) \geqslant \ell(\theta')$。因此，就可以不断地通过最大化 $Q(\theta; \theta')$ 对未知参数进行估计，直至参数收敛。具体来说，令 $\theta^{(k)}$ 表示第 k 步参数估计所得的结果，那么第 $k+1$ 步参数估计结果可通过式(5.31)计算，即

$$
\theta^{(k+1)} = \arg\max_\theta Q(\theta; \theta^{(k)})
\tag{5.31}
$$

其中

$$
Q(\theta; \theta^{(k)}) = E_{X_n, Y_n \mid Z_n; \theta^{(k)}}\left[\lg p_\theta(X_n, Y_n, Z_n) \mid Z_n; \theta^{(k)}\right]
\tag{5.32}
$$

基于以上讨论，给定未知参数初值 $\theta^{(0)}$，EM 算法步骤如下。

E 步：根据式(5.32)计算 $Q(\theta; \theta^{(k)})$ 函数。

M 步：对式(5.31)进行优化求解，获得 $\theta^{(k+1)}$，返回到 E 步，直到收敛。

下面按照 EM 算法对未知参数进行估计。首先，根据式(5.32)计算 Q 函数。完全数据的似然函数为

$$
\begin{aligned}
p_\theta(X_n, Z_n, Y_n) & = p_\theta(x_n, z_n, X_{n-1}, Z_{n-1}, \gamma_n, Y_{n-1}) \\
& = p_\theta(z_n, \gamma_n \mid x_n) p_\theta(x_n \mid x_{n-1}) p_\theta(X_{n-1}, Z_{n-1}, Y_{n-1}) \\
& = p_\theta(x_0) \prod_{i=1}^{n} p_\theta(z_i, \gamma_i \mid x_i) p_\theta(x_i \mid x_{i-1})
\end{aligned}
\tag{5.33}
$$

其对数似然函数为

$$L(\theta) = \lg p(X_n, Z_n, \varUpsilon_n)$$

$$= \lg p(x_0) + \lg \prod_{i=1}^{n} p(z_i, \gamma_i \mid x_i) + \sum_{i=1}^{n} \lg p(x_i \mid x_{i-1})$$

$$= \lg\left(\frac{1}{(2\pi)^{m/2} \mid P_0 \mid^{1/2}} \exp\left(-\frac{(x_0 - \mu_0)' P_0^{-1}(x_0 - \mu_0)}{2}\right)\right) + L_1(\theta)$$

$$+ \sum_{i=1}^{n} \lg\left(\frac{1}{(2\pi)^{m/2} \mid Q \mid^{1/2}} \exp\left(-\frac{(x_i - x_{i-1} - \eta T)' Q^{-1}(x_i - x_{i-1} - \eta T)}{2}\right)\right)$$

$$(5.34)$$

其中，m 为状态向量的维数，这里取 $m = 1$；$Q = \sigma^2 T$。

下面计算 $L_1(\theta)$，根据式(5.27)，可得

$$L_1(\theta) = \lg \prod_{i=1}^{n} p(z_i, \gamma_i \mid x_i)$$

$$= \lg \prod_{i=1}^{n} \prod_{j=1}^{2} \left(\alpha_j \varphi_j(z_i; \xi_{ij})\right)^{\gamma_{ij}}$$

$$= \lg \prod_{j=1}^{2} \prod_{i=1}^{n} \left(\alpha_j \varphi_j(z_i; \xi_{ij})\right)^{\gamma_{ij}}$$

$$= \lg \prod_{j=1}^{2} \alpha_j^{\sum_{i=1}^{n} \gamma_{ij}} \prod_{i=1}^{n} \left(\varphi_j(z_i; \xi_{ij})\right)^{\gamma_{ij}}$$

$$= \sum_{j=1}^{2} n_j \lg \alpha_j + \sum_{j=1}^{2} \sum_{i=1}^{n} \gamma_{ij} \lg \varphi_j(z_i; \xi_{ij}) \qquad (5.35)$$

其中，$n_j = \sum_{i=1}^{n} \gamma_{ij}$。

对式(5.34)两边求随机变量 X_n 和 $\varUpsilon_n$ 关于 $Z_n; \theta^{(k)}$ 的条件期望，即

$$Q(\theta; \theta^{(k)})$$

$$= E_{X_n, \varUpsilon_n \mid Z_n; \theta^{(k)}}(L(\theta))$$

$$= E_{X_n, \varUpsilon_n \mid Z_n; \theta^{(k)}}\left(\lg p_\theta(x_0) + \sum_{i=1}^{n} \lg p_\theta(x_i \mid x_{i-1})\right) + E_{X_n, \varUpsilon_n \mid Z_n, \theta^{(k)}}(L_1(\theta))$$

$$= E_{X_n, \varUpsilon_n \mid Z_n; \theta^{(k)}}\left(\lg p_\theta(x_0) + \sum_{i=1}^{n} \lg p_\theta(x_i \mid x_{i-1})\right) + \ell_1(\theta) \qquad (5.36)$$

接下来，首先计算式(5.36)中第一项期望表达式，即

$$E_{X_n,Y_n|Z_n;\theta^{(k)}}\left(\lg p(x_0) + \sum_{i=1}^n \lg p(x_i \mid x_{i-1})\right)$$

$$= E_{X_n,Y_n|Z_n;\theta^{(k)}}\left(\lg\left(\frac{1}{(2\pi)^{m/2}\mid P_0\mid^{1/2}}\exp\left(-\frac{(x_0-\mu_0)'P_0^{-1}(x_0-\mu_0)}{2}\right)\right)\right)$$

$$+ E_{X_n,Y_n|Z_n;\theta^{(k)}}\left(\sum_{i=1}^n\lg\left(\frac{1}{(2\pi)^{m/2}\mid Q\mid^{1/2}}\exp\left(-\frac{(x_i-x_{i-1})'Q^{-1}(x_i-x_{i-1})}{2}\right)\right)\right)$$

$$= -\frac{m}{2}\lg(2\pi) - \frac{1}{2}\lg\mid P_0\mid - \frac{1}{2}E_{X_n,Y_n|Z_n,\theta^{(k)}}((x_0-\mu_0)'P_0^{-1}(x_0-\mu_0))$$

$$- \sum_{i=1}^n\left(\frac{m}{2}\lg(2\pi) + \frac{1}{2}\lg\mid Q\mid + \frac{1}{2}E_{X_n,Y_n|Z_n,\theta^{(k)}}(\mathrm{tr}((x_i-x_{i-1})'Q^{-1}(x_i-x_{i-1})))\right)$$

$$= -\lg(2\pi) - \frac{1}{2}\lg\mid P_0\mid - \frac{1}{2}\mathrm{tr}(P_0^{-1}(P_{0|n} + (\hat{x}_{0|n}-\mu_0)(\hat{x}_{0|n}-\mu_0)'))$$

$$- \sum_{i=1}^n\left(\frac{1}{2}\lg(2\pi) + \frac{1}{2}\lg\mid Q\mid + \frac{1}{2}\mathrm{tr}(Q^{-1}(S_{11}^i - S_{10}^i - S_{01}^i + S_{00}^i))\right)$$

$$= -\lg(2\pi) - \frac{1}{2}\lg\mid P_0\mid - \frac{1}{2}\mathrm{tr}(P_0^{-1}(P_{0|n} + (\hat{x}_{0|n}-\mu_0)(\hat{x}_{0|n}-\mu_0)'))$$

$$- \frac{n}{2}\lg(2\pi) - \frac{n}{2}\lg|Q| - \frac{1}{2}(\mathrm{tr}(Q^{-1}(S_{11} - S_{10} - S_{01} + S_{00} - 2S_2 + n(\eta T)^2)))$$

$$(5.37)$$

其中

$$S_{11} = \sum_{i=1}^n S_{11}^i = \sum_{i=1}^n(\hat{P}_{i|n} + \hat{x}_{i|n}\hat{x}_{i|n}') \tag{5.38}$$

$$S_{10} = S_{01} = \sum_{i=1}^n S_{10}^i = \sum_{i=1}^n(P_{i,i-1|n} + \hat{x}_{i|n}\hat{x}_{i-1|n}') \tag{5.39}$$

$$S_{00} = \sum_{i=1}^n S_{00}^i = \sum_{i=1}^n(\hat{P}_{i-1|n} + \hat{x}_{i-1|n}\hat{x}_{i-1|n}') \tag{5.40}$$

$$S_2 = \sum_{i=1}^n S_2^i = \sum_{i=1}^n \eta T(\hat{x}_{i/n} - \hat{x}_{i-1/n}) = \eta T(\hat{x}_{n/n} - \hat{x}_{0/n}) \tag{5.41}$$

然后，计算 $\ell_1(\theta)$。根据式(5.35)可得

$$\ell_1(\theta)$$

$$= E_{X_n, Y_n | Z_n; \theta^{(k)}}(L_1(\theta))$$

$$= E_{X_n, Y_n | Z_n; \theta^{(k)}}\left(\sum_{j=1}^{2} n_j \lg \alpha_j + \sum_{j=1}^{2}\sum_{i=1}^{n} \gamma_{ij} \lg \varphi_j(z_i; \xi_{ij})\right)$$

$$= \sum_{j=1}^{2}\left(E_{X_n, Y_n}(n_j \mid Z_n; \theta^{(k)}) \lg \alpha_j + \sum_{i=1}^{n} E_{X_n, Y_n}(\gamma_{ij} \mid Z_n; \theta^{(k)}) E_{X_n, Y_n}(\lg \varphi_j(z_i; \xi_{ij}) \mid Z_n; \theta^{(k)})\right)$$

$$= \sum_{j=1}^{2}\left(\hat{n}_j \lg \alpha_j + \sum_{i=1}^{n} \hat{\gamma}_{ij} E_{X_n, Y_n}(\lg \varphi_j(z_i; \xi_{ij}) \mid Z_n; \theta^{(k)})\right)$$

$$\text{(5.42)}$$

其中，$\hat{n}_j = \sum_{i=1}^{n} \hat{\gamma}_{ij}$，$\hat{\gamma}_{ij} = E_{X_n, Y_n}(\gamma_{ij} \mid Z_n; \theta^{(k)})$。根据全概率公式，可得

$$\hat{\gamma}_{ij} = E_{X_n, Y_n}(\gamma_{ij} \mid Z_n; \theta^{(k)})$$

$$= E(E_{X_n, Y_n}(\gamma_{ij} \mid x_i, Z_n, \theta^{(k)}) \mid Z_n; \theta^{(k)})$$

$$= E(p(\gamma_{ij} = 1 \mid x_i, Z_n; \theta^{(k)}) \mid Z_n; \theta^{(k)}) \qquad \text{(5.43)}$$

其中

$$p(\gamma_{ij} = 1 \mid x_i, Z_n; \theta^{(k)})$$

$$= p(\gamma_{ij} = 1 \mid x_i, z_i; \theta^{(k)})$$

$$= \frac{p(\gamma_{ij} = 1, z_i \mid x_i; \theta^{(k)})}{p(z_i \mid x_i; \theta^{(k)})}$$

$$= \frac{p(\gamma_{ij} = 1, z_i \mid x_i; \theta^{(k)})}{\sum_{j=1}^{2} p(\gamma_{ij} = 1, z_i \mid x_i; \theta^{(k)})}$$

$$= \frac{p(z_i \mid \gamma_{ij} = 1, x_i; \theta^{(k)}) p(\gamma_{ij} = 1 \mid x_i; \theta^{(k)})}{\sum_{j=1}^{2} p(z_i \mid \gamma_{ij} = 1, x_i; \theta^{(k)}) p(\gamma_{ij} = 1 \mid x_i; \theta^{(k)})}$$

$$= \frac{\alpha_j \varphi_j(z_i; \xi_{ij}^{(k)})}{\sum_{j=1}^{2} \alpha_j \varphi_j(z_i; \xi_{ij}^{(k)})} \qquad \text{(5.44)}$$

其中，ξ_{ij}^{k} 为 EM 算法第 k 次迭代时与状态 x_i 对应的量测值的均值和方差，

具体来说, $\xi_{i1}^{(k)} = (0,(\delta^2)^{(k)})$, $\xi_{i2}^{(k)} = (x_i,(\delta^2)^{(k)})$ 。

将式(5.44)代入式(5.43), 可得

$$\hat{\gamma}_{ij} = E_{X_n,Y_n}(\gamma_{ij} \mid Z_n;\theta^{(k)})$$

$$= E_{X_i}(p(\gamma_{ij} = 1 \mid x_i,Z_n;\theta^{(k)}) \mid Z_n;\theta^{(k)})$$

$$= E_{X_i}\left(\frac{\alpha_j\varphi_j(z_i;\xi_{ij}^{(k)})}{\sum_{j=1}^{2}\alpha_j\varphi_j(z_i;\xi_{ij}^{(k)})} \mid Z_n;\theta^{(k)}\right)$$

$$= \int \frac{\alpha_j\varphi_j(z_i;\xi_{ij}^{k})}{\sum_{j=1}^{2}\alpha_j\varphi_j(z_i;\xi_{ij}^{k})} f(x_i \mid Z_n;\theta^{(k)})\mathrm{d}x_i$$

$$= \int h(x_i;\theta^{(k)})f(x_i \mid Z_n;\theta^{(k)})\mathrm{d}x_i \qquad (5.45)$$

针对式(5.45), 由于分母中包括状态变量 x_i , 即 $h(x_i;\theta^{(k)})$ 为关于 x_i 的非线性函数, 很难获得该积分的解析表达式, 因此这里考虑采用粒子滤波方法进行数值计算。由于 $f(x_i \mid Z_n;\theta^{(k)}) = \varphi(x_i \mid \hat{x}_{i|n},P_{i|n})$, 因此从正态分布概率密度函数 $\varphi(x_i \mid \hat{x}_{i|n},P_{i|n})$ 抽取独立同分布样本 $\{x_i^l\}_{l=1}^{N}$, 可得

$$\hat{\gamma}_{ij} = \int h(x_i;\theta^{(k)})f(x_i \mid Z_n;\theta^{(k)})\mathrm{d}x_i$$

$$\approx \frac{1}{N}\sum_{l=1}^{N}h(x_i^l) \qquad (5.46)$$

进而, 可得 $\hat{n}_j = \sum_{i=1}^{n}\hat{\gamma}_{ij}$ 。

下面计算式(5.42)中的 $E_{X_n,Y_n}\left(\lg\varphi_j(z_i;\xi_{ij}) \mid Z_n;\theta^{(k)}\right)$ 。当 $j=1$ 时, 量测值的分布为 $z_i \sim N(0,\delta^2)$, 因此

$$E_{X_n,Y_n}(\lg\varphi_1(z_i;\xi_{i1}) \mid Z_n,\theta^{(k)})$$

$$= E_{X_n,Y_n}\left(\lg\left(\frac{1}{\sqrt{2\pi}\delta}\exp\left(-\frac{z_i^2}{2\delta^2}\right)\right) \mid Z_n;\theta^{(k)}\right)$$

$$= \lg\left(\frac{1}{\sqrt{2\pi\delta^2}}\exp\left(-\frac{z_i^2}{2\delta^2}\right)\right)$$

$$= -\frac{1}{2}\lg(2\pi) - \frac{1}{2}\lg\delta^2 - \frac{z_i^2}{2\delta^2} \tag{5.47}$$

当 $j = 2$ 时，$z_i \sim N(x_i, \delta^2)$，可得

$$E_{X_n, Y_n}(\lg\varphi_2(z_i; \xi_{i2}) \mid Z_n; \theta^{(k)})$$

$$= E_{X_n, Y_n}\left(\lg\left(\frac{1}{\sqrt{2\pi\delta^2}}\exp\left(-\frac{(z_i - x_i)^2}{2\delta^2}\right)\right) \mid Z_n; \theta^{(k)}\right)$$

$$= -\frac{1}{2}\lg(2\pi) - \frac{1}{2}\lg\delta^2 - \frac{1}{2\delta^2}E((z_i - x_i)^2 \mid Z_n; \theta^{(k)})$$

$$= -\frac{1}{2}\lg(2\pi) - \frac{1}{2}\lg\delta^2 - \frac{1}{2\delta^2}E(z_i^2 - 2z_i(x_i) + (x_i)^2 \mid Z_n; \theta^{(k)})$$

$$= -\frac{1}{2}\lg(2\pi) - \frac{1}{2}\lg\delta^2 - \frac{1}{2\delta^2}(z_i^2 - 2z_i\hat{x}_{i|n} + (P_{i|n} + \hat{x}_{i|n}\hat{x}'_{i|n})) \tag{5.48}$$

将式(5.47)和式(5.48)代入式(5.42)，将得到的结果与式(5.37)一同代入式(5.36)，可得

$$Q(\theta; \theta^{(k)})$$

$$= E_{X_n, Y_n|Z_n; \theta^k}(L(\theta))$$

$$= E_{X_n, Y_n|Z_n; \theta^k}\left(\lg p(x_0) + \sum_{i=1}^{n}\lg p(x_i \mid x_{i-1})\right) + \ell_1(\theta)$$

$$= -\lg(2\pi) - \frac{1}{2}\lg P_0 - \frac{1}{2}\text{tr}(P_0^{-1}(P_{0|n} + (\hat{x}_{0|n} - \mu_0)(\hat{x}_{0|n} - \mu_0)'))$$

$$\quad - \frac{n}{2}\lg(2\pi) - \frac{n}{2}\lg|Q| - \frac{1}{2}(\text{tr}(Q^{-1}(S_{11} - S_{10} - S_{01} + S_{00} - 2S_2 + n(\eta T)^2)))$$

$$\quad + \sum_{j=1}^{2}\hat{n}_j\lg\alpha_j + \sum_{i=1}^{n}\hat{\gamma}_{i1}\left(-\frac{1}{2}\lg(2\pi) - \frac{1}{2}\lg\delta^2 - \frac{z_i^2}{2\delta^2}\right)$$

$$\quad + \sum_{i=1}^{n}\hat{\gamma}_{i2}\left(-\frac{1}{2}\lg(2\pi) - \frac{1}{2}\lg\delta^2 - \frac{1}{2\delta^2}(z_i^2 - 2z_i\hat{x}_{i|n} + (P_{i|n} + \hat{x}_{i|n}\hat{x}'_{i|n}))\right)$$

$$= c - \frac{1}{2}\lg P_0 - \frac{1}{2}\text{tr}(P_0^{-1}(P_{0|n} + (\hat{x}_{0|n} - \mu_0)(\hat{x}_{0|n} - \mu_0)'))$$

$$\quad - \frac{n}{2}\lg|Q| - \frac{1}{2}(\text{tr}(Q^{-1}(S_{11} - S_{10} - S_{01} + S_{00} - 2S_2 + n(\eta T)^2)))$$

$$+ \sum_{j=1}^{2} \hat{n}_j \lg \alpha_j - \sum_{i=1}^{n} \hat{\gamma}_{i1} \left(\frac{1}{2} \lg \delta^2 + \frac{z_i^2}{2\delta^2} \right)$$

$$- \sum_{i=1}^{n} \hat{\gamma}_{i2} \left[\frac{1}{2} \lg \delta^2 + \frac{1}{2\delta^2} (z_i^2 - 2z_i \hat{x}_{i|n} + P_{i|n} + \hat{x}_{i|n} \hat{x}'_{i|n}) \right] \tag{5.49}$$

其中，c 为常数。对式(5.49)关于 $\theta = [\mu_0, P_0, Q, \delta^2, \lambda]'$ 求一阶导数并令其为 0，可得 $k+1$ 步的参数 $\theta^{(k+1)}$，即

$$Q^{(k+1)} = \frac{1}{n} [S_{11} - S_{10} - S_{01} + S_{00} - 2S_2 + n(\eta T)^2] \tag{5.50}$$

$$(\delta^2)^{(k+1)} = \frac{1}{n} \sum_{i=1}^{n} [\hat{\gamma}_{i1} z_i^2 + \hat{\gamma}_{i2} (z_i^2 - 2z_i \hat{x}_{i|n} + P_{i|n} + \hat{x}_{i|n} \hat{x}'_{i|n})] \tag{5.51}$$

$$\mu_0^{(k+1)} = \hat{x}_{0|n}, \quad P_0^{(k+1)} = P_{0|n}, \quad \lambda^{(k+1)} = \frac{\sum\limits_{i=1}^{n} \hat{\gamma}_{i2}}{n} \tag{5.52}$$

综合以上讨论结果，下面给出基于 EM 算法和数据随机丢失情形下的滤波器、平滑器，以及一步事后协方差平滑器的性能退化状态估计和参数估计算法(算法 5.1)。假设系统已经运行至 t_n 时刻，量测数据集为 $Z_n = \{z_1, z_2, \cdots, z_n\}$。

算法 5.1　数据随机丢失情形下基于 EM 的参数估计算法

1. 给参数赋初值 $\theta^{(0)}$。
2. 利用参数 $\theta^{(k)}$，根据式(5.14)~式(5.19)和式(5.22)~式(5.26)可得 $\hat{x}_{t|n}$、$P_{t|n}$ 和 $P_{t,t-1|n}$，$t = 1, 2, \cdots, n$，根据式(5.46)计算得到 $\hat{\gamma}_{ij}$，根据式(5.38)~式(5.41)计算得到 S_{11}、S_{10}、S_{00} 和 S_2。
3. 根据式(5.50)~式(5.52)对参数进行更新，得到 $\theta^{(k+1)}$。
4. 若估计结果达到收敛条件，则停止运行；否则，令 $k = k+1$，转到步骤 2。

5.4　最佳替换时机决策

5.4.1　维修策略描述

本章采用如下的维修策略。

(1) 假设系统已经运行至 t_n 时刻, 获得的量测数据集为 $Z_n = \{z_1, z_2, \cdots, z_n\}$。

(2) 在每一个 t_n 时刻, 需要计算最佳替换时间。当最佳替换时间小于采样周期 T 时, 对装备实施预防性替换, 否则让其继续运行。对部件实施一次预防性替换的费用为 c_p, 由部件失效带来的损失为 c_f。由于部件失效会带来整个系统非计划停车, 因此生产过程中止, 进而带来生产损失。此外, 紧急订购备件和安排维修人员等也需要消耗一定的费用。因此, $c_f > c_p > 0$。

(3) 部件一旦发生失效就可以被立刻发现, 即该失效不是隐含的失效。

(4) 替换部件耗费的时间可以忽略不计。

5.4.2 维修目标函数建立与优化

假设当前时刻为 t_n, 在 $t_n + t_r$ 时刻对其实施预防性替换, 令 $R(t_r \mid t_n)$ 表示系统运行至当前时刻 t_n 时正常运行至 $t_n + t_r$ 的概率, 这段时间内的期望费用为

$$C_r(t_r \mid t_n) = c_p R(t_r \mid t_n) + c_f (1 - R(t_r \mid t_n)) \tag{5.53}$$

其中

$$
\begin{aligned}
&R(t_r \mid t_n) \\
&= \Pr\{L_n > t_r \mid x(t_n) < \phi_{\text{th}}\} \\
&= \int_{t_r}^{\infty} f_{L_n \mid x_n}(l_n \mid x_n) \mathrm{d}l_n
\end{aligned} \tag{5.54}
$$

其中, $f_{L_n \mid x_n}(l_n \mid x_n)$ 为当前时刻 t_n 估计得到的剩余寿命分布概率密度函数。

单位时间内期望的维护费用为

$$C(t_r \mid t_n) = \frac{C_r(t_r \mid t_n)}{T_r(t_r \mid t_n)} = \frac{c_p R(t_r \mid t_n) + c_f (1 - R(t_r \mid t_n))}{t_n + \int_0^{t_r} R(s \mid t_n) \mathrm{d}s} \tag{5.55}$$

则最优维护的时间点为

$$t_r^*(t_n) = \arg\min_{t_r > 0} \{C(t_r \mid t_n)\} \tag{5.56}$$

在以上表达式中, 由于 t_n 均选取在离散的时间点, 因此该优化问题的求解本质上是寻找一组离散值的极小值, 比较容易求解。

5.5　仿　真　验　证

本节通过数值仿真验证所提方法的有效性。假设设备的性能退化过程可由漂移系数为确定性变量的 Wiener 过程描述，其漂移系数 $\eta = 0.06$、扩散系数 $\sigma^2 = 0.01$、性能退化初值 x_0 的均值为 0、方差 $P_0 = 0.01$、量测噪声 $\delta^2 = 0.05$、采样间隔 $T = 1$、失效阈值 $\phi_{th} = 2.8$。图 5.1 给出了监测数据正常获取概率 λ 为 0.95 和 1 两种情形下的性能退化值。可以发现，当 $\lambda = 1$，也就是不存在监测数据丢失时，由式(5.14)~式(5.19)表示的滤波器估计结果和 Kalman 滤波器得到的结果一致。此外，通过比较 $\lambda = 0.95$ 和 $\lambda = 1$ 时的估计结果可以发现，数据丢失概率越大，估计精度越差。图 5.2 给出了 $\lambda = 0.95$ 时在各个监测时刻的剩余寿命概率密度函数。可以看出，随着时间的推移，剩余寿命分布随着时间不断更新。图 5.3 将 $\lambda = 0.95$ 和 $\lambda = 1$ 时剩余寿命的期望值与实际剩余寿命进行了比较，可以发现 $\lambda = 1$ 时的剩余寿命更接近于真值。

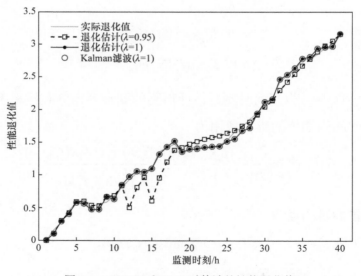

图 5.1　$\lambda = 0.95$ 和 $\lambda = 1$ 时估计的性能退化值

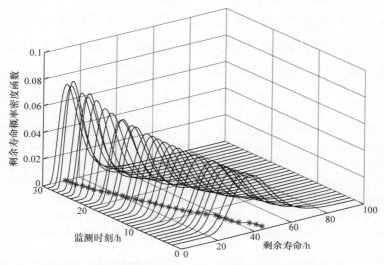

图 5.2　不同监测时刻的剩余寿命概率密度函数(λ=0.95)

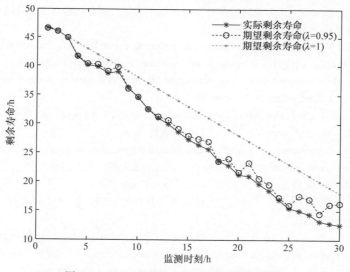

图 5.3　λ=0.95 和 λ=1 时剩余寿命期望值

5.6　本　章　小　结

本章针对监测数据存在丢失情形的线性随机退化设备的剩余寿命估计方法进行了研究。首先，采用 Wiener 过程和伯努利分布对性能退化过程和量测数据丢失情形分别进行描述，进而建立带量测数据缺失的状态空间模型。然后，利用已有的数据缺失情形下的相关滤波算法对性能退化值进行估计，并利用 EM 算法对未知参数进行估计，从而实现设备的实时剩余寿命估计。数值仿真结果表明了本章所提方法的有效性。

参 考 文 献

[1] Liao L, Kottig F. Review of hybrid prognostics approaches for remaining useful life prediction of engineered systems, and an application to battery life prediction[J]. IEEE Transactions on Reliability, 2014, 63(99): 191-207.

[2] Li X, Ding Q, Sun J Q. Remaining useful life estimation in prognostics using deep convolution neural networks[J]. Reliability Engineering and System Safety, 2018, 172: 1-11.

[3] Zhang Z X, Si X S, Hu C H, et al. Degradation data analysis and remaining useful life estimation: a review on Wiener-process-based methods[J]. European Journal of Operational Research, 2018, 271(3): 775-796.

[4] Si X S, Wang W B, Hu C H, et al. Remaining useful life estimation—A review on the statistical data driven approaches[J]. European Journal of Operational Research, 2011, 213(1): 1-14.

[5] 陈博, 俞立, 张文安. 具有量测数据丢失的离散不确定时滞系统鲁棒卡尔曼滤波[J]. 自动化学报, 2011, 37(1): 123-128.

[6] Si X S, Wang W B, Hu C H, et al. Estimating remaining useful life with three-source variability in degradation modeling[J]. IEEE Transactions on Reliability, 2014, 63(1): 167-190.

[7] van Noortwijk J M. A survey of the application of Gamma processes in maintenance[J]. Reliability Engineering & System Safety, 2009, 94(1): 2-21.

[8] Tseng S, Tang J, Ku I. Determination of burn-in parameters and residual life for highly reliable products[J]. Naval Research Logistics, 2003, 50(1): 1-14.

[9] Whitmore G, Schenkelberg F. Modelling accelerated degradation data using Wiener diffusion with a time scale transformation[J]. Lifetime Data Analysis, 1997, 3(1): 27-45.

[10] Ross S. Stochastic Process [M]. New York: Wiley, 1983.

[11] 方华京, 方翌炜, 杨方. 网络化控制系统的故障诊断[J]. 系统工程与电子技术. 2006, 28(12): 1858-1862.

[12] Lee M L T, Whitmore G A. Threshold regression for survival analysis: modeling event times by a stochastic process reaching a boundary[J]. Statistical Science, 2006, 21(4): 501-513.

[13] Chhikara R, Folks J. The inverse Gaussian distribution as a lifetime model[J]. Technometrics, 1977, 19(4): 461-468.

[14] Hadidi M T, Schwartz S C. Linear recursive state estimators under uncertain observations[J]. IEEE Transactions on Automatic Control, 1979, 24(6): 944-948.

[15] Nahi N. Optimal recursive estimation with uncertain observation[J]. Information Theory IEEE Transactions on, 1969, 15(4): 457-462.

[16] Monzingo R. Discrete optimal linear smoothing for systems with uncertain observations[J]. IEEE Transactions on Information Theory, 1975, 21(3): 271-275.

第6章 含隐含退化过程动态系统的最佳替换和备件定购策略

6.1 引　　言

复杂工业系统在运行过程中不可避免地会发生失效，为了使系统的可靠性维持在满意水平之上必须对其进行维修，从而产生相应的维修费用。为了降低维修成本，必须根据系统状态制定切实有效的维修策略。

得益于传感器技术的迅速发展，视情维修逐渐引起研究人员的重视[1-3]。状态监测以及确定需要监测的性能退化指标是实施视情维修的一项重要工作[4]。通常来说，系统退化状态或者与系统退化过程密切相关的参数都可以作为性能退化指标。在多数情况下，这些性能退化指标能够被直接监测[5-7]。但是，对于一些动态系统来说，由于结构复杂或者直接监测费用较高，因此不便于对其退化过程进行直接监测，而能直接量测的参数却不宜用来对失效进行准确的定义，进而无法利用这些能够直接量测的参数来进行维修决策。因此，有必要研究间接退化过程，即那些无法直接对其进行准确监测的退化过程。

近些年来，已经有不少学者对间接退化过程进行了研究[8-11]。然而，这些文献仅关注视情替换策略，而且默认有足够的备件可供使用。然而，贮存备件会产生一定的费用，因此不宜在库房里贮存过多的备件。此外，在发出备件定购指令后，需要消耗一定的时间备件才能到达，定购不及时会导致备件短缺，而备件短缺也会带来一定的损失。因此，有必要同时考虑维修策略制定和备件定购问题。从传统上说，备件定购和替换的联合决策主要利用部件寿命分布之类的统计信息[12,13]，鲜有文献在视情维修和动态系统框架下考虑备件定购和最佳替换问题。

　　因此，本章主要考虑一类带隐含退化过程复杂动态系统的视情替换和备件定购联合决策问题，而且最佳替换时间和备件定购时间会随着动态系统量测信息的不断获取而实时更新。

6.2　问题描述

　　考虑如下非线性动态系统[14]，即

$$\begin{cases} x_{n+1} = f(x_n, \mu) + w_n \\ y_n = h(x_n) + v_n \end{cases} \tag{6.1}$$

其中，$x_n \in \mathbb{R}^p$ 为状态向量；$y_n \in \mathbb{R}^q$ 为量测向量；$\{w_n \in \mathbb{R}^p, n \in \mathbb{N}\}$ 和 $\{v_n \in \mathbb{R}^q, n \in \mathbb{N}\}$ 为独立同分布的系统噪声和量测噪声向量序列，并且两者相互独立；$\mu \in \mathbb{R}^r$ 为参数向量；$f: \mathbb{R}^p \times \mathbb{R}^r \to \mathbb{R}^p$ 为关于 x_n 和 μ 的非线性函数；$h: \mathbb{R}^p \to \mathbb{R}^q$ 为 x_n 的线性或非线性函数；$n \in \mathbb{N} \bigcup \{0\}$ 为离散时间。

　　系统(6.1)存在一种能够直接影响参数向量 μ 的隐含退化过程。这里将性能退化过程与参数向量之间的关系描述为

$$\mu = u(\phi) \tag{6.2}$$

其中，ϕ 为与性能退化过程相关的隐含性能变量，该变量不能被直接测量，$u: \mathbb{R} \to \mathbb{R}^r$ 为性能变量 ϕ 的已知函数。

　　在寿命预测相关文献中，维纳过程是一类广泛用来进行退化建模的随机过程。因此，与文献[14]类似，这里进一步假设隐含退化过程 $\{\phi(t), t \geqslant 0\}$ 可以用带漂移的布朗运动进行描述[15,16]，即性能变量 $\phi(t)$ 随时间演化的规律为

$$\phi(t) = \phi_0 + \eta t + \sigma B(t) \tag{6.3}$$

其中，假设性能退化初值 $\phi_0 = \phi(0) \in \mathbb{R}$ 已知，但是漂移率或退化速率 η 和扩散系数 σ 为未知变量；$B(\cdot)$ 表示标准布朗运动，且有 $B(0) = 0$；t 为时间变量。

　　在运行过程中，系统漂移参数和扩散参数会受到环境等因素的影响不断变化，因此需要根据输入输出信息对未知参数 η 和 σ 进行估计。

　　为了便于估计这两个未知参数，首先需要根据标准布朗运动的特性将连续性能退化过程(6.3)改成离散时间形式。具体来说，带漂移的布朗运动有如下性质[15-17]，即

$$\phi(t) \sim N(\phi_0 + \eta t, \sigma^2 t) \tag{6.4}$$

$$\phi(t+T) - \phi(t) \sim N(\eta T, \sigma^2 T) \tag{6.5}$$

由此可得

$$\phi_{n+1} = \phi_n + \eta T + \varepsilon_n \tag{6.6}$$

其中，T 为动态系统的采样周期；$\phi_n = \phi(nT)$；$\varepsilon_n \sim N(0, \sigma^2 T)$。

　　综上，离散化后的带隐含性能退化过程的动态系统可以描述为

$$\begin{cases} x_{n+1} = f(x_n, \mu(\phi_n)) + \omega_n \\ \phi_{n+1} = \phi_n + \eta T + \varepsilon_n \\ y_n = h(x_n) + v_n \end{cases} \tag{6.7}$$

　　为了实施预测性视情维修和备件定购联合定购，必须对系统(6.7)的未来失效概率进行预测。因此，首先需要对失效进行定义。这里认为，当性能变量 ϕ 首次达到阈值 ϕ_{th} 时就发生了软失效，其中 ϕ_{th} 为失效阈值。然后，对于非递减性能退化过程来说，未来 lT 时间内的失效概率即系统无失效运行至当前时刻 t_n 前提下性能退化变量 $\phi(t_n + lT)$ 大于阈值 ϕ_{th} 的条件概率，其中，l 为预测步长，T 为采样周期。由此可知，未来 $t_n + lT$ 时刻的性能变量 $\phi(t_n + lT)$ 服从正态分布，其均值和方差分别为

$$\mu_{n+l} = \phi_n + \eta lT \tag{6.8}$$

$$\sigma^2_{n+l} = \sigma^2 lT \tag{6.9}$$

于是，$t_n + lT$ 时刻的失效概率可以通过下式进行计算，即

$$\begin{aligned} & F(t_n + lT | t_n) \\ & = \Pr\{\phi(t_n + lT) \geqslant \phi_{th} \mid \phi_n < \phi_{th}\} \\ & = \Phi\left(\frac{\phi_{th} - \mu_{n+l}}{\sigma_{n+l}}\right) \end{aligned} \tag{6.10}$$

其中，$\varPhi(\cdot)$ 为标准正态分布的累积分布函数。

为了根据式(6.10)计算失效概率，需要事先根据监测数据确定未知参数 η 和 σ 及当前时刻的性能退化水平 ϕ_n，其中的关键问题是对动态系统(6.7) 的未知参数进行估计。

6.3　退化过程辨识

6.3.1　基于粒子滤波的性能退化状态估计

为了预测失效概率，需要对当前的性能退化水平 ϕ_n 进行估计。由于动态系统(6.7)的状态方程为非线性函数，因此无法直接采用广泛使用的卡尔曼滤波器进行状态估计。由于粒子滤波算法是非线性非高斯系统状态估计的最优滤波器[18-20]，因此这里采用粒子滤波算法对未知参数和当前性能退化水平进行估计，进而对失效概率进行预测。

首先，将系统状态变量扩展为 $\tilde{x} = [x', \phi]^{\mathrm{T}}$，并记 $\tilde{x}_{0:n} = (\tilde{x}_0, \tilde{x}_1, \tilde{x}_2, \cdots, \tilde{x}_n)$，$y_{0:n} = (y_0, y_1, y_2, \cdots, y_n)$。根据动态系统(6.7)易知，$\{\tilde{x}_n, n \geqslant 0\}$ 是初始密度为 $p(\tilde{x}_0)$ 的隐含 Markov 过程，转移概率记为 $p_\theta(\tilde{x}_n \mid \tilde{x}_{n-1})$，其中 $\theta = [\eta, \sigma]^{\mathrm{T}}$ 为未知参数。当系统状态 $\tilde{x}_n$ 给定时，系统量测的条件概率密度函数记为 $p(y_n \mid \tilde{x}_n)$。因此，在给定观测值 $y_{0:n}$ 时，系统状态的后验概率密度函数可以通过下式来进行序贯更新，即

$$p_\theta(\tilde{x}_{0:n} \mid y_{:n}) = \frac{p(y_n \mid \tilde{x}_n) p_\theta(\tilde{x}_n \mid \tilde{x}_{n-1})}{p_\theta(y_n \mid Y_{n-1})} p_\theta(\tilde{x}_{0:n-1} \mid y_{n-1}) \tag{6.11}$$

在获得系统状态的后验概率密度函数后，就可以通过下式获得以系统状态为变量的任意函数的期望值，即

$$Ef(\tilde{x}_{0:n}) = \int f(\tilde{x}_{0:n}) p_\theta(\tilde{x}_{0:n} \mid y_{0:n}) \mathrm{d}\tilde{x}_{0:n} \tag{6.12}$$

式(6.12)包括高维积分，通常情况下很难获得该式的解析解。鉴于此，这里采用粒子滤波算法进行数值求解。粒子滤波本质上是利用蒙特卡罗采样将积分运算转化为有限样本点的加权求和运算，进而达到对积分进行近

似的目的。序贯重要性采样(sequential importance sampling，SIS)算法是常用的粒子滤波算法。接下来对 SIS 算法进行简单介绍。

通常情况下，很难直接从后验概率密度函数 $p_\theta(\tilde{x}_{0:n} \mid y_{0:n})$ 中进行粒子采样，因此先从方便采样的建议密度函数 $q(\tilde{x}_{0:n} \mid y_{0:n})$ 中采样，然后通过适当的变换对式(6.12)进行计算。具体如下：

$$
\begin{aligned}
&Ef(\tilde{x}_{0:n}) \\
&= \int f(\tilde{x}_{0:n}) \frac{p_\theta(\tilde{x}_{0:n} \mid y_{0:n})}{q(\tilde{x}_{0:n} \mid y_{0:n})} q(\tilde{x}_{0:n} \mid y_{0:n}) \mathrm{d}\tilde{x}_{0:n} \\
&= \int f(\tilde{x}_{0:n}) \frac{p_\theta(\tilde{x}_{0:n} \mid y_{0:n}) p_\theta(y_{0:n})}{q_\theta(\tilde{x}_{0:n} \mid y_{0:n}) p_\theta(y_{0:n})} q(\tilde{x}_{0:n} \mid y_{0:n}) \mathrm{d}\tilde{x}_{0:n} \\
&= \int f(\tilde{x}_{0:n}) \frac{p_\theta(\tilde{x}_{0:n} \mid Y_n) p_\theta(y_{0:n})}{q_\theta(\tilde{x}_{0:n} \mid y_{0:n}) \int p_\theta(\tilde{x}_{0:n}, y_{0:n}) \mathrm{d}\tilde{x}_{0:n}} q(\tilde{x}_{0:n} \mid y_{0:n}) \mathrm{d}\tilde{x}_{0:n} \\
&= \int f(\tilde{x}_{0:n}) \frac{p_\theta(\tilde{x}_{0:n} \mid y_{0:n}) p_\theta(y_{0:n})}{q(\tilde{x}_{0:n} \mid Y_n) \int \dfrac{p_\theta(\tilde{x}_{0:n}, y_{0:n})}{q(\tilde{x}_{0:n} \mid y_{0:n})} q(\tilde{x}_{0:n} \mid y_{0:n}) \mathrm{d}\tilde{x}_{0:n}} q(\tilde{x}_{0:n} \mid y_{0:n}) \mathrm{d}\tilde{x}_{0:n} \\
&= \int f(\tilde{x}_{0:n}) \frac{\omega_n}{\int \omega_n q(\tilde{x}_{0:n} \mid y_{0:n}) \mathrm{d}\tilde{x}_n} q(\tilde{x}_{0:n} \mid y_{0:n}) \mathrm{d}\tilde{x}_{0:n} \\
&= \sum_{i=1}^{N} f(\tilde{x}_{0:n}^i) \frac{\omega_n^i}{\displaystyle\sum_{i=1}^{N} \omega_n^i} \\
&= \sum_{i=1}^{N} f(\tilde{x}_{0:n}^i) \bar{\omega}_n^i
\end{aligned}
$$

$$\tag{6.13}$$

其中，$\{\tilde{x}_{0:n}^i, i=1,2,\cdots,N\}$ 为从建议密度函数 $q(\tilde{x}_{0:n} \mid y_{0:n})$ 中抽取得到的 N 个粒子；权重 $\omega_n = p_\theta(\tilde{x}_{0:n}, y_{0:n})/q(\tilde{x}_{0:n} \mid y_{0:n})$；$\omega_n^i$ 为与第 i 个粒子对应的重要性权值，对其归一化后得到权值 $\bar{\omega}_n^i$。

进一步，当建议密度函数 $q(\tilde{x}_{0:n} \mid y_{0:n}) = q(\tilde{x}_n \mid \tilde{x}_{n-1}, y_{0:n}) q(\tilde{x}_{0:n-1} \mid y_{0:n-1})$ 时，粒子权重 ω_n 的更新方式为

$$\omega_n = \frac{p_\theta(\tilde{x}_{0:n}, y_{0:n})}{q(\tilde{x}_{0:n} \mid y_{0:n})}$$

$$= \frac{p(y_n \mid \tilde{x}_n) p_\theta(\tilde{x}_n \mid \tilde{x}_{n-1})}{q(\tilde{x}_n \mid \tilde{x}_{n-1}, y_{0:n})} \cdot \frac{p_\theta(\tilde{x}_{0:n-1}, y_{0:n-1})}{q(\tilde{x}_{0:n-1} \mid y_{0:n-1})} \qquad (6.14)$$

$$= \frac{p(y_n \mid \tilde{x}_n) p_\theta(\tilde{x}_n \mid \tilde{x}_{n-1})}{q(\tilde{x}_n \mid \tilde{x}_{n-1}, y_{0:n})} \omega_{n-1}$$

针对 SIS 算法在运行过程中不可避免地会发生粒子退化的问题,文献[20]提出了序贯重要性采样/重采样(sequential importance sampling/resampling,SIR)算法,即通过重采样的方法抛弃那些权重较小的粒子,只留下权重较大的粒子。

基于以上讨论,根据系统的每一次测量值,按照 SIR 算法递推抽取粒子,并计算更新权值,就形成 SIR 粒子滤波算法(算法 6.1)。

算法 6.1　SIR 粒子滤波算法

---

1. 对 $n = 0,1,2,\cdots$,抽样 $\hat{\tilde{x}}_n^i \sim q(\tilde{x}_n \mid \tilde{x}_{n-1}, y_{0:n})$, $i = 1,2,\cdots,N$,并令 $\hat{\tilde{x}}_{0:n}^i = (\hat{\tilde{x}}_{0:n-1}^i, \hat{\tilde{x}}_n^i)$ 。

2. 根据式(6.14)对权重 ω_n^i 进行更新,即

$$\omega_n^i = \frac{p_\theta(y_n \mid \hat{\tilde{x}}_n^i) p_\theta(\hat{\tilde{x}}_n^i \mid \hat{\tilde{x}}_{n-1}^i)}{q(\hat{\tilde{x}}_n^i \mid \hat{\tilde{x}}_{n-1}^i, y_{0:n})} \omega_{n-1}^i$$

3. 归一化权重,可得 $\bar{\omega}_n^i = \omega_n^i \Big/ \sum_{i=1}^{N} \omega_n^i$ 。

4. 实施粒子更新。根据权重 $\bar{\omega}_n^i$ 对 $\hat{\tilde{x}}_n^{(i)}$ 进行重采样,得到更新后的样本 $\tilde{x}_n^{(i)}$ 。

通过 SIR 算法重采样后,各个粒子的权重都变成 $1/N$ 。因此,根据式(6.12)可以得到系统状态的后验估计,即

$$\hat{\tilde{x}}_{n|n} = \frac{1}{N} \sum_{i=1}^{N} \tilde{x}_n^i \qquad (6.15)$$

由于进行权重计算和粒子更新以及状态估计时都需要知道参数 θ 的值,而该参数是未知的,因此需要对其进行估计。

6.3.2　参数估计

本节主要考虑如何利用到时刻 t_n 为止的所有量测数据 $Y_n = \{y_0, y_1, y_2, \cdots, y_n\}$ 对未知参数 η 和 σ 进行估计。非线性非高斯动态系统的参数估计主要有三类方法[21]。一类是将未知参数扩展成状态变量，利用滤波技术进行状态估计；另一类是递推极大似然估计方法，这是由于在正则性条件下量测数据似然函数的均值在极限条件下收敛于真实的似然函数；最后一类是期望最大化算法，这是数据缺失情形下参数估计的常用算法[22]。

基于这些常用的参数估计方法，结合本章研究对象，这里考虑利用粒子滤波器和递推极大似然估计方法对动态系统(6.7)的未知参数进行估计。

首先，给出动态系统(6.7)的对数似然函数，即

$$
\begin{aligned}
& l_\theta(y_{0:n}) \\
& = \lg p_\theta(y_{0:n}) \\
& = \sum_{k=0}^{n} \lg p_\theta(y_k \mid y_{0:k-1}) \\
& = \sum_{k=0}^{n} \lg \int p(y_k \mid \tilde{x}_k) p_\theta(\tilde{x}_k \mid y_{0:k-1}) \mathrm{d}\tilde{x}_k
\end{aligned}
\tag{6.16}
$$

易知，在给定性能退化值 ϕ_k 的前提下，系统状态变量 x_k 与未知参数 θ 无关，因此 $p_\theta(x_k \mid \phi_k, y_{0:k-1})$ 可以写成 $p(x_k \mid \phi_k, y_{0:k-1})$。另外，隐含退化过程 $\{\phi_n, n \geqslant 0\}$ 初值 ϕ_0 已知，使给定参数 θ 的情况下，ϕ_k 的概率密度函数与 $y_{0:k-1}$ 无关，仅根据布朗运动的性质就可以确定。类似地，$p(y_k \mid \tilde{x}_k)$ 可以简写为 $p(y_k \mid x_k)$。因此，式(6.16)进一步可以写为

$$
\begin{aligned}
l_\theta(y_{0:n}) &= \sum_{k=0}^{n} \lg \int p(y_k \mid \tilde{x}_k) p_\theta(\tilde{x}_k \mid y_{0:k-1}) \mathrm{d}\tilde{x}_k \\
&= \sum_{k=0}^{n} \lg \int p(y_k \mid x_k) p_\theta(x_k \mid \phi_k, y_{0:k-1}) p_\theta(\phi_k \mid y_{0:k-1}) \mathrm{d}\tilde{x}_k \\
&= \sum_{k=0}^{n} \lg \int p(y_k \mid x_k) p(x_k \mid \phi_k, y_{0:k-1}) \varphi_\theta(\phi_k) \mathrm{d}\tilde{x}_k
\end{aligned}
\tag{6.17}
$$

其中

$$\varphi_\theta(\phi_k) = \frac{1}{\sqrt{2\pi kT\sigma}} \exp\left(-\frac{(\phi_k - \phi_0 - \eta kT)^2}{2kT\sigma^2}\right) \tag{6.18}$$

根据文献[17]和[19]，在正则性条件下，有

$$\frac{1}{n} l_\theta(y_{0:n}) \to l(\theta) \tag{6.19}$$

其中

$$l(\theta) = \iint \lg\left(\int p(y \mid \tilde{x})\mu(\tilde{x})\mathrm{d}\tilde{x}\right) \lambda_{\theta,\theta^*}(\mathrm{d}y, \mathrm{d}\mu) \tag{6.20}$$

其中，μ 为初始值概率密度函数；$\lambda_{\theta,\theta^*}(\cdot,\cdot)$ 为 $(Y_k, p_\theta(\tilde{x}_k \mid Y_{k-1}))$ 的联合不变分布[20]；最大化似然函数 $l(\theta)$ 就相当于最大化 Kullback-Leibler 信息测度

$$K(\theta, \theta^*) = l(\theta^*) - l(\theta) \geqslant 0 \tag{6.21}$$

为了进行优化求解，可以利用基于随机梯度算法的递推极大似然估计算法，进而有

$$\theta_n = \theta_{n-1} + \gamma_n \nabla_{\theta_{n-1}} \lg \int p(y_n \mid \tilde{x}_n) p_{\theta_n}(\tilde{x}_n \mid y_{0:n-1})\mathrm{d}\tilde{x}_n \tag{6.22}$$

其中，步长 $\gamma_n > 0$，其序列 $\{\gamma_n\}_{n \geqslant 0}$ 为一非增序列。通常情况下，可以将步长选为 $\gamma_n = \gamma_0 n^{-\alpha}$，其中 $\gamma_0 > 0$，$0.5 < \alpha \leqslant 1$。

由于 x_k 与 ϕ_k 无关，因此根据式(6.22)可得

$$
\begin{aligned}
\theta_n &= \theta_{n-1} + \gamma_n \nabla_{\theta_{n-1}} \lg \int p(y_n \mid \tilde{x}_n) p_{\theta_n}(\tilde{x}_n \mid y_{0:n-1})\mathrm{d}\tilde{x}_n \\
&= \theta_{n-1} + \gamma_n \frac{\int p(y_n \mid x_n) p(x_n \mid \phi_n, y_{0:n-1}) \nabla_{\theta_{n-1}} \varphi_\theta(\phi_n)\mathrm{d}\tilde{x}_n}{\int p(y_n \mid x_n) p(x_n \mid \phi_n, y_{0:n-1}) \varphi_{\theta_{n-1}}(\phi_n)\mathrm{d}\tilde{x}_n} \\
&= \theta_{n-1} + \gamma_n \frac{\int p(y_n \mid x_n) p(x_n \mid y_{0:n-1}) \nabla_{\theta_{n-1}} \varphi_\theta(\phi_n)\mathrm{d}\tilde{x}_n}{\int p(y_n \mid x_n) p(x_n \mid y_{0:n-1}) \varphi_{\theta_{n-1}}(\phi_n)\mathrm{d}\tilde{x}_n} \\
&= \theta_n + \gamma_n \frac{\int p(y_n \mid x_n) p(x_n \mid y_{0:n-1}) \varphi_\theta(\phi_n) \frac{\nabla_{\theta_n} \varphi_\theta(\phi_n)}{\varphi_\theta(\phi_n)}\mathrm{d}\tilde{x}_n}{\int p(y_n \mid x_n) p(x_n \mid y_{0:n-1}) \varphi_\theta(\phi_n)\mathrm{d}\tilde{x}_n}
\end{aligned} \tag{6.23}
$$

因此，在算法 6.1 的基础上，通过选择建议密度函数 $q(\tilde{x}_n \mid \tilde{x}_{n-1}, y_{0:n}) = p_\theta(\tilde{x}_n \mid \tilde{x}_{n-1}) = p(x_n \mid \tilde{x}_{n-1}) p_\theta(\phi_n \mid \phi_{n-1})$，就可以根据式(6.23)给出基于粒子

滤波的参数估计算法(算法 6.2)。

算法 6.2　基于粒子滤波的参数估计算法

---

1. 初始化。设需要采样的粒子数目为 N，对每一个 $i=1,2,\cdots,N$，抽取 $\hat{x}_{0|0}^i \sim p(x_0)$，令 $\hat{\phi}_{0|0}^i = \phi_0$，设置未知参数初值 $\hat{\theta}_0$。

2. 粒子预测。在时刻 nT，对每一个 i，分别抽取 $\hat{x}_{n|n-1}^i \sim p(x_n \mid \tilde{x}_{n-1|n-1}^i)$，$\hat{\phi}_{n|n-1}^i \sim p_{\theta_{n-1}}(\phi_n \mid \hat{\phi}_{n-1|n-1}^i)$，记 $\hat{\tilde{x}}_{n-1|n-1}^i = (\hat{x}_{n-1|n-1}^i, \hat{\phi}_{n-1|n-1}^i)$。

3. 参数更新。根据式(6.24)对未知参数 θ 进行更新，获得 $\hat{\theta}_n$，即

$$\theta_n = \theta_{n-1} + \gamma_n \frac{\displaystyle\sum_{i=1}^{N} p(y_n \mid \hat{x}_{n|n-1}^i) \frac{\partial_{\theta_{n-1}}(\varphi_\theta(\hat{\phi}_{n|n-1}^i))}{\varphi_{\theta_{n-1}}(\hat{\phi}_{n|n-1}^i)}}{\displaystyle\sum_{i=1}^{N} p(y_n \mid \hat{x}_{n|n-1}^i)} \tag{6.24}$$

4. 对权重 ω_n^i 进行更新，即

$$\omega_n^i = p(y_n \mid \hat{x}_n^i)\omega_{n-1}^i$$

5. 归一化权重，可得 $\bar{\omega}_n^i = \omega_n^i \Big/ \displaystyle\sum_{i=1}^{N} \omega_n^i$。

6. 粒子更新。根据权重 $\bar{\omega}_n^i$ 对 $\hat{\tilde{x}}^{(i)}$ 进行重采样，更新后的样本为 $\hat{\tilde{x}}_{n|n}^{(i)}$。

由此可以获得当前时刻未知参数的估计值 $\hat{\theta}_n$，进而可以根据式(6.10)获得系统在 $t_n + lT$ 时刻的失效概率 $F(t_n + lT \mid t_n)$。

获得系统在未来时刻的失效概率或寿命分布后，就可以对最佳替换和备件定购策略进行进一步讨论。

6.4　基于预测失效概率的最佳替换和备件定购策略

在进行详细讨论之前，首先引入一些必要的符号标记和变量。

(1) c_p 和 c_f 分别代表预防性替换费用和失效替换费用，其中 $c_p < c_f$。

(2) k_s 和 k_h 分别代表备件短缺时造成的单位时间损失费用和贮存费用，其中 $k_h < k_s$。

(3) C_r和C_o分别表示一个寿命周期内的期望替换费用和备件定购费用。

(4) T_s和T_h分别表示一个寿命周期内期望备件短缺时间和备件贮存时间。

(5) T_r和T_o分别表示替换策略和备件定购策略分别实施时的期望寿命周期长度。

(6) $p(k+l)$表示性能变量ϕ在$((k+l-1)T,(k+l)T]$时间段内达到失效阈值的概率。其中，k和l为正整数。

(7) 为方便讨论，利用$P(k+l)$表示性能变量ϕ在$(kT,(k+l)T]$时间段内达到失效阈值的概率。

6.4.1 最佳替换与备件定购策略描述

通常来说，备件短缺和备件贮存都会产生一定的费用。传统的备件定购策略只考虑如何在备件短缺费用和贮存费用之间达到平衡，而未考虑替换费用。因此，本章主要研究带隐含退化过程动态系统(6.7)的最佳替换和备件定购策略。首先对涉及的假设和策略进行描述。

(1) 对动态系统(6.7)在时刻$t_n = nT(n \in \mathbb{N})$进行周期性的监测。这里不考虑监测操作带来的费用损失，并且假设监测时间忽略不计。

(2) 只考虑两种维修操作，即失效前的预防性替换和失效后的矫正替换。假设维修操作时间忽略不计，且维修效果为修复如新。一般来说，预防性替换费用要低于失效替换费用。因此，应该致力于确定系统的最佳替换时间，避免失效后替换。与已有文献一样，这里通过最小化单位时间期望损失来确定最佳替换时间。

(3) 除了替换费用，这里还考虑备件定购费用。为简便计算，这里考虑最多只有一个备件处于贮存状态或者定购状态。若系统在计划替换时间t_r前发生失效，则在备件可用的前提下利用贮存中的备件对当前失效的部件进行替换；否则，在t_r时刻对部件进行预防性替换。若系统在计划的定购时间t_o前失效，则立即定购新的备件。针对备件已经定购却未到达仓库的情况，管理人员不需要再次进行备件定购。从备件定购开始到备件到达这段时间称为备件定购提前时间，记为L。通常情况下，有$t_o + L \leqslant t_r$。

(4) 为方便，假设采样时间间隔 $T=1$，即一个单位时间。

由于替换操作能够使系统修复如新，因此替换时刻即动态系统的再生点。根据更新过程的相关知识，只考虑如何最小化一个寿命周期内的单位时间期望费用[17]。所谓一个寿命周期即两次替换操作之间的时间间隔。一个周期内的期望费用率可以用下式表示，即

$$期望费用率 = \frac{E(当前寿命周期内的费用)}{E(寿命周期)} \tag{6.25}$$

在当前时刻 $t_n = nT, n \in \mathbb{N}$，需要确定最佳替换时间 t_r^* 和最佳定购时间 t_o^*。确定的依据是由最小化期望费用率函数。需要指出的是，这里的期望费用同时包括替换费用和备件定购费用。我们可以根据失效概率获得式(6.25)的具体表达式。在状态空间模型框架下，可以根据新获得的量测数据 y_n 对决策变量 t_r^* 和 t_o^* 进行更新。

6.4.2　费用率模型

为了确定决策变量 t_r^* 和 t_o^*，需要推导出式(6.25)的具体表达式。具体来说，首先对一个周期内的期望替换费用进行计算，即

$$C_\mathrm{r} = c_\mathrm{p}(1 - P(n + t_\mathrm{r})) + c_\mathrm{f} P(n + t_\mathrm{r}) \tag{6.26}$$

其中

$$
\begin{aligned}
P(n + t_\mathrm{r}) &= p(n+1) + (1 - p(n+1))p(n+2) + \cdots \\
&= \begin{cases}
p(n+1), & t_\mathrm{r} = 1 \\
p(n+1) + \sum_{i=2}^{t_\mathrm{r}} \prod_{j=1}^{i-1} (1 - p(n+j))p(n+i), & t_\mathrm{r} > 1
\end{cases}
\end{aligned} \tag{6.27}
$$

类似地，期望寿命长度为

$$
\begin{aligned}
T_\mathrm{r} &= E(当前寿命周期长度) \\
&= \begin{cases}
n+1, & t_\mathrm{r} = 1 \\
(n+1)p(n+1) + (n+t_\mathrm{r})(1 - P(n+t_\mathrm{r})) \\
+ \sum_{i=2}^{t_\mathrm{r}} (n+i) \prod_{j=1}^{i-1} (1 - p(n+j))p(n+i), & t_\mathrm{r} > 1
\end{cases}
\end{aligned} \tag{6.28}
$$

于是，根据式(6.25)就可以获得当前寿命周期内的期望替换费用率，即

$$C_R(t_r) = \frac{C_r}{T_r} \tag{6.29}$$

然后，对一个周期内的备件定购费用进行计算。易知，期望备件定购费用由备件短缺造成的期望费用和期望贮存费用组成。根据前面给出的替换和备件定购策略，可以得到期望短缺时间 T_s 为

$$T_s = P(n+t_o)L + (1-P(n+t_o))\sum_{i=1}^{L-1}(L-i)\prod_{j=1}^{i-1}(1-p(n+t_o+j))p(n+t_o+i) \tag{6.30}$$

期望贮存时间 T_h 为

$$T_h = (1-P(n+t_o+L))[p(n+t_o+L+1)$$
$$+ \sum_{i=2}^{t_r-t_o-L} i\prod_{j=1}^{i-1}(1-p(n+t_o+L+j))p(n+t_o+L+i)] + L(1-P(n+t_r)) \tag{6.31}$$

因此，备件定购费用为

$$C_o = k_s T_s + k_h T_h \tag{6.32}$$

在这种情形下，期望寿命周期长度为

$$T_o = E(当前寿命周期长度)$$
$$= (n+L+1)p(n+1) + \sum_{i=2}^{t_o}(n+L+i)\prod_{j=1}^{i-1}(1-p(n+j))p(n+i)$$
$$+ (n+t_o+L)(1-P(n+t_o))\sum_{i=t_o+1}^{t_o+L}\prod_{j=1}^{i-1}(1-p(n+j))p(n+i)$$
$$+ (1-P(n+t_o+L))\sum_{i=t_o+L+1}^{t_r}(n+i)\prod_{j=1}^{i-1}(1-p(n+j))p(n+i)$$
$$+ (n+t_r)(1-P(n+t_r)) \tag{6.33}$$

根据式(6.25)就可以获得期望定购费用率。需要指出的是，由式(6.33)与式(6.28)表示的期望寿命周期长度并不相同，因为备件短缺能够延长备件定购策略下的寿命长度。

在上述两种情形下期望费用率推导的基础上，对总期望费用率进行推导。易知，总期望费用为替换费用和定购费用之和。显然，总期望费用率

C_T 为替换时间 t_r 和定购时间 t_o 的函数，即

$$C_T(t_o, t_r) = \frac{C_r + C_o}{T_o} \tag{6.34}$$

最后，通过最小化式(6.34)获得最佳定购时间和最佳替换时间 (t_o^*, t_r^*)，即

$$(t_o^*, t_r^*) = \underset{t_o, t_r}{\arg\min}\, C_T(t_o, t_r) \tag{6.35}$$

约束条件为

$$t_o + L \leqslant t_r \tag{6.36}$$

为了确定 t_o^* 和 t_r^*，这里采用序贯优化算法对式(6.35)进行优化求解。当获得新的量测数据 y_n 后，根据式(6.10)获得失效概率 $p(k+l)$，将其代入式(6.29)，通过最小化该式获得最佳替换时间 t_r^*，将最佳替换时间 t_r^* 代入式(6.34)，并对其进行最小化，获得最佳定购时间 t_o^*。

6.5　数 值 仿 真

为了验证本章所提的最佳替换和备件定购策略，采用文献[14]和[23]中三容水箱系统(DTS200)进行仿真验证。此装置的主体是 3 个垂直放置的大小一致的有机玻璃圆筒 T_1、T_2 和 T_3，如图 6.1 所示，各圆筒的横截面积都为 A。3 个圆筒由横截面为 S_n 的圆管相连接，在圆筒 T_2 的下方有一个出水阀，流出的水收集到下方的有机玻璃水箱中，可以循环使用。在 T_1、T_2、T_3 的下方各有一个截面积为 S_1 的泄漏阀。在一般情况下，这些泄漏阀是关闭的。T_1 和 T_2 中的液位 h_1 和 h_2 是通过两台水泵分别向 T_1 和 T_2 中打入的循环水的流量 Q_1 和 Q_2 来控制的。系统的状态变量是三个水槽的液位 h_1、h_2、h_3。

三容水箱动态系统模型为

$$\begin{cases} A\dfrac{\mathrm{d}h_1}{\mathrm{d}t} = Q_1 - Q_{13} \\[2mm] A\dfrac{\mathrm{d}h_3}{\mathrm{d}t} = Q_{13} - Q_{32} \\[2mm] A\dfrac{\mathrm{d}h_2}{\mathrm{d}t} = Q_2 + Q_{32} - Q_{20} \end{cases} \tag{6.37}$$

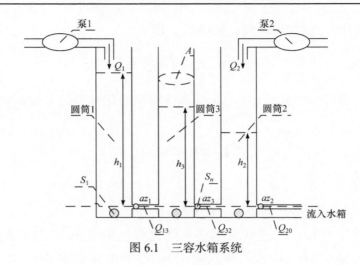

图 6.1　三容水箱系统

其中

$$Q_{13} = az_1 S_n \operatorname{sgn}(h_1 - h_3)\sqrt{2g|h_1 - h_3|}$$
$$Q_{32} = az_3 S_n \operatorname{sgn}(h_3 - h_2)\sqrt{2g|h_3 - h_2|} \qquad (6.38)$$
$$Q_{20} = az_2 S_n \sqrt{2gh_2}$$

DTS200 三容水箱模型中各变量如表 6.1 所示，实际参数值如表 6.2 所示。

表 6.1　DTS200 三容水箱模型中各变量

变量	解释	单位
g	重力加速度	m/s^2
az_i	流量系数	无
h_i	水位	m
$Q_{ij}, (i,j) \in \{(1,3),(3,2),(2,0)\}$	流量	m^3/s
Q_1, Q_2	进水量	m^3/s
A	各圆筒的横截面积	m^2
S_n	连接圆管的横截面积	m^2

表 6.2　DTS200 三容水箱模型中实际参数值

$A = 0.0154 m^2$	$S_n = 5 \times 10^{-5} m^2$	$g = 9.81 m/s^2$
$az_1 = 0.490471$	$az_2 = 0.611429$	$az_3 = 0.450223$

本仿真实验将水位 h_1、h_2、h_3 作为系统的状态变量,即 $x_i = h_i, i = 1, 2, 3$。关于量测方程,这里认为系统状态变量能够被直接监测得到,监测噪声为高斯白噪声,即量测方程为

$$\begin{cases} y_1 = x_1 + v_1 \\ y_2 = x_2 + v_2 \\ y_3 = x_3 + v_3 \end{cases} \tag{6.39}$$

采用欧拉离散化方法[24]将系统模型等效转化为离散模型,即

$$\begin{cases} x_n = f(x_{n-1}) + \omega_n \\ y_n = \begin{bmatrix} x_{1,n} \\ x_{2,n} \\ x_{3,n} \end{bmatrix} + v_n \end{cases} \tag{6.40}$$

其中, $v_n = [v_{1,n}, v_{2,n}, v_{3,n}]^T$, $v_{i,n}(i = 1, 2, 3)$ 为高斯白噪声。

在仿真中,注入速率分别为 $Q_1 = 40 \times 10^{-6}\,\mathrm{m}^3/\mathrm{s}$ 和 $Q_2 = 14 \times 10^{-6}\,\mathrm{m}^3/\mathrm{s}$。假设初始状态向量为 $[0.45555, 0.15902, 0.31995]^T$,过程噪声 ω_n 和量测噪声 v_n 都是正态分布,其均值向量和协方差阵分别为 $[0, 0, 0]^T$ 和 $5 \times 10^{-4} I_3$,其中 $I_3 = \mathrm{diag}\{1, 1, 1\}$。

进一步假设隐含退化过程与流量系数 az_1 的减少相关,且退化过程模型为

$$az_1(\tau) = \eta_0 + \eta\tau + \sigma B(\tau) \tag{6.41}$$

其中,初始性能退化值为 $\eta_0 = 0.490471$;未知参数 η 和 σ 的真实值分别为 -2×10^{-4} 和 4×10^{-5};失效阈值为 $\phi_{\mathrm{th}} = 0.1$,也就是说,当流量系数 $az_1(\tau)$ 下降到 ϕ_{th} 时,系统发生失效;仿真总时间为 2000s,采样时间间隔 $T = 1\mathrm{s}$。

此外,与维护相关的费用参数为 $c_p = 25$、$c_f = 200$、$k_h = 1$、$k_s = 300$,备件定购提前时间为 $L = 10\mathrm{s}$。

仿真结果如图 6.2~图 6.5 所示。由图 6.2 和图 6.3 可以看出,未知参数的估计值在经过一段时间的振荡后最终收敛到它们的真值。图 6.4 和图 6.5

分别给出了 $k_1 = 1820\text{s}$、$k_2 = 1900\text{s}$、$k_3 = 1920\text{s}$ 时刻对应的替换费用率和备件定购费用率。在每个时刻，可以根据系统的真实状态获得最佳替换和最佳定购时间 t_o^* 和 t_r^*。

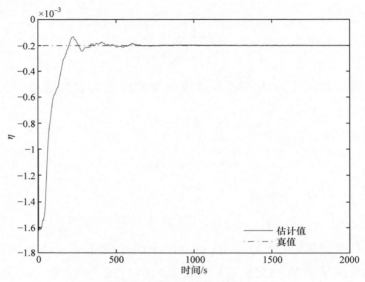

图 6.2　参数 η 的估计结果

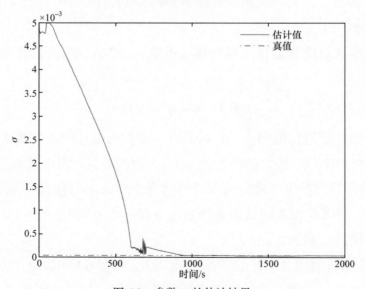

图 6.3　参数 σ 的估计结果

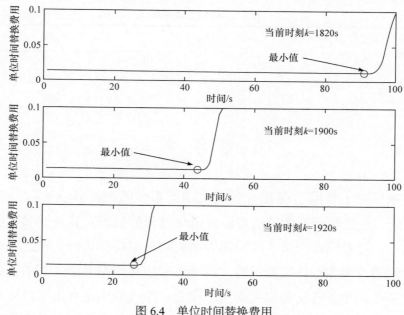

图 6.4　单位时间替换费用

如表 6.3 所示，随着时间的增长，最佳定购时间和最佳替换时间不断缩短，这与直观上的感觉一致，反映了算法的有效性。

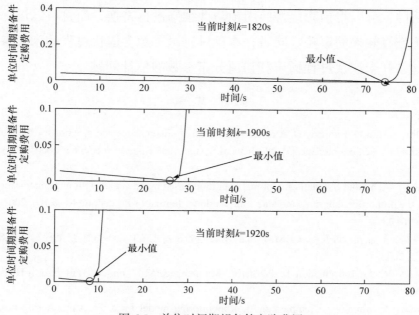

图 6.5　单位时间期望备件定购费用

表 6.3 数值仿真结果

时刻/s	t_o^* / s	t_r^* / s
1820	74	95
1900	26	43
1920	8	24

6.6 本 章 小 结

本章研究了带隐含退化过程随机动态系统的视情替换和备件定购策略。首先，通过粒子滤波算法对隐含退化过程的状态及其未知参数进行估计。然后，对系统在未来一段时间内的失效概率进行估计。在此基础上，结合给定的替换和备件定购策略，推导出期望费用率模型。其中，总费用包括替换费用和备件定购相关费用。接着，通过最小化费用率模型来获得最佳替换时间和最佳定购时间。最后，以三容水箱为研究对象进行了仿真实验。

需要指出的是，本章为了研究方便只考虑了预防性替换。为扩大模型的适用性，可以将预防性替换用预防性维修进行替换，而且可以进一步考虑预防维修效果的影响。同时，本章只讨论了隐含退化过程的未知参数估计问题，并未涉及过程噪声和初值分布参数的估计问题。

参 考 文 献

[1] Jardine A, Lin D, Banjevic D. A review on machinery diagnostics and prognostics implementing condition-based maintenance[J]. Mechanical Systems and Signal Processing, 2006, 20(7): 1483-1510.

[2] Ghasemi A, Yacout S, Ouali M. Optimal condition-based maintenance with imperfect information and the proportional hazards model[J]. International Journal of Production Research, 2007, 45(4): 989-1012.

[3] 夏良华, 贾希胜, 刘玉利. CBM 系统的发展趋势及特点[C]//第一届维修工程国际学术会议, 北京, 2006.

[4] Mobley R. An Introduction to Predictive Maintenance[M]. London: Butterworth-Heinemann, 2002.

[5] Christer A, Wang W. A simple condition monitoring model for a direct monitoring process[J]. European Journal of Operational Research, 1995, 82(2): 258-269.

[6] Grall A, Berenguer C, Dieulle L. A condition-based maintenance policy for stochastically deteriorating systems[J]. Reliability Engineering and System Safety, 2002, 76(2): 167-180.

[7] Liao H, Elsayed E, Chan L. Maintenance of continuously monitored degrading systems[J]. European Journal of Operational Research, 2006, 175(2): 821-835.

[8] Christer A, Wang W, Sharp J. A state space condition monitoring model for furnace erosion prediction and replacement[J]. European Journal of Operational Research, 1997, 101(1): 1-14.

[9] Pedregal D, Carmen C M. State space models for condition monitoring: a case study[J]. Reliability Engineering and System Safety, 2006, 91(2): 171-180.

[10] Lu S, Lu Y T. Predictive condition-based maintenance for continuously deteriorating systems[J]. Quality and Reliability Engineering International, 2007, 23: 71-81.

[11] Wang H. A survey of maintenance policies of deteriorating systems[J]. European Journal of Operational Research, 2002, 139(3): 469-489.

[12] Armstrong M, Atkins D. Joint optimization of maintenance and inventory policies for a simple system[J]. IIE Transactions, 1996, 28(5): 415-424.

[13] Dohi T, Kaio N, Osaki S. On the optimal ordering policies in maintenance theory: survey and applications[J]. Applied Stochastic Models and Data Analysis, 1998, 14(4): 309-321.

[14] Xu Z, Ji Y, Zhou D. Real-time reliability prediction for a dynamic system based on the hidden degradation process identification[J]. IEEE Transactions on Reliability, 2008, 57(2): 230-242.

[15] Tseng S, Tang J, Ku I. Determination of burn-in parameters and residual life for highly reliable products[J]. Naval Research Logistics, 2003, 50(1): 1-14.

[16] Whitmore G, Schenkelberg F. Modelling accelerated degradation data using wiener diffusion with a time scale transformation[J]. Lifetime Data Analysis, 1997, 3(1): 27-45.

[17] Ross S. Stochastic Process [M]. New York: Wiley, 1983.

[18] Doucet A, Freitas N, Gordon N. Sequential Monte Carlo Methods in Practice[M]. New York: Springer-Verlag, 2001.

[19] Gordon N, Salmond D, Smith A. Novel approach to nonlinear/non-Gaussian Bayesian state estimation[J]. Radar and Signal Processing, IEE Proceedings, 1993, 140: 107-113.

[20] Arnaud D S. On sequential Monte Carlo sampling methods for Bayesian filtering[J]. Statistics & Computing, 2000, 10: 197-208.

[21] Doucet A, Tadić V. Parameter estimation in general state-space models using particle methods[J]. Annals of the Institute of Statistical Mathematics, 2003, 55(2): 409-422.

[22] Andrieu C, Doucet A. Online expectation-maximization type algorithms for parameter estimation in general state space models[J]. Acoustics, Speech, and Signal Processing, 2003, 6.

[23] Xie X, Zhou D, Jin Y. Strong tracking filter based adaptive generic model control[J]. Journal of Process Control, 1999, 9(4): 337-350.

[24] Braun M. Differential Equations and Their Applications: An Introduction to Applied Mathematics[M]. Berlin: Springer, 1993.

第 7 章　随机环境影响下多部件系统的动态分组视情维修

7.1　引　　言

前面章节研究了系统中存在至多两种失效模式时的视情维修策略。随着技术的发展,工业生产中用到的实际系统和国防军事中的武器装备在越来越先进的同时，也变得越来越复杂。一个主要表现就是系统中包括多个部件。若一个部件包含一种失效模式,那么系统中至少存在两种失效模式。这些部件之间通常存在相互依赖性(经济依赖、结构依赖和随机依赖)。正是这些因素的存在,使得对此类系统进行维修优化的复杂度变大,而且通常情况下很难得到满意的结果。因此,多部件系统的维修建模及优化是当前的一个难点和热点。Nicolai[1]对 2006 年前与多部件系统最优维修相关文献进行了综述。Wildeman 等[2]利用滚动时域法处理多部件系统的维修建模问题。Bouvard 等[3]在文献[2]的基础上考虑重型商用车辆的视情维修。然而,现有的大部分文献在进行维修建模时并没有考虑环境对系统的影响。

因此,本章考虑外部环境对系统的退化过程可能产生的影响,研究随机环境影响下多部件系统的动态分组视情维修问题。

7.2　模型假设和问题描述

本章主要考虑一类由 $n(n \in \mathbb{N})$ 个部件组成的复杂工程系统在受到外部随机环境影响情况下的动态分组维修问题。系统的具体描述和模型假设如下。

(1) 在不考虑外部因素的影响时,系统中每个部件的性能在运行过程中都会因自身原因发生退化,并且当该性能退化值超过某个给定的阈值时，该部件即被认为发生失效。也就是说，每个部件都有一个性能退化过程与其相对应。这里将部件 i 在 t 时刻的性能退化量和与该性能退化量对应的失效阈值分别记为 $X_i(t)$ 和 $D_{i,\text{th}}$，其中 $i \in \{1,2,\cdots,n\}$，$t \geqslant 0$。在本章，如若没有特别指出，符号 i 表示部件的序号，n 为该复杂系统中包括的单部件个数。

(2) 假设系统中的部件在存储过程中不会发生退化，则部件在刚投入使用时的性能退化量为 $X_i(0) = 0$。因此，部件 i 由于其内在因素而发生的性能退化过程可以记为 $\{X_i(t), t \geqslant 0\}$。

(3) 将部件 i 由内在原因发生的性能退化过程在时间段 $[t, t+h]$ 内的增量记为 $X_i(t, t+h)$，即 $X_i(t, t+h) = X_i(t+h) - X_i(t)$，$h \geqslant 0$。由于本章考虑的部件不具备自我修复的能力，因此性能退化值的增量 $X_i(t, t+h)$ 始终为非负。与 Liao 等[4]和 Huynh 等[5]做法类似，在进一步假设这些增量之间统计独立的基础上，采用形状参数和尺度参数分别为 $\alpha_i T$ 和 β_i 的伽马分布刻画增量 $X_i(t, t+h)$ 的变化规律，即 $X_i(t, t+h) \sim \text{Ga}(\alpha_i h, \beta_i)$，其中 $\alpha_i > 0$，$\beta_i > 0$。于是，部件的性能退化过程就变成在维修相关文献中被广泛使用的伽马过程[6]。

(4) 系统中的部件除了受内在的退化过程影响，还受到外部冲击过程的影响。将部件 i 所受外部冲击在 $[0,t]$ 内来到的次数记为 $N_i(t)$，并假设 $\{N_i(t), t \geqslant 0\}$ 为泊松过程，其强度函数为 $\lambda_i(t)$。

(5) 利用冲击过程刻画外部环境的影响。外部的每一次冲击都会加快部件的性能退化过程。具体来讲，就是使每个部件的退化量增加一定的值。为研究方便，假设冲击带来的损伤幅度与冲击来到的次数无关，并为一服从伽马分布的随机变量。记冲击引起的退化量增幅为 Y_i，那么有 $Y_i \sim \text{Ga}(\alpha_{Y_i}, \beta_{Y_i})$。这里，$\alpha_{Y_i}(\alpha_{Y_i} > 0)$ 为伽马分布的形状参数，$\beta_{Y_i}(\beta_{Y_i} > 0)$ 为其尺度参数。

(6) 外部冲击过程与部件由自身老化等原因引起的性能退化过程相互独立。

(7) 为了准确把握每个部件所处的退化状态，并让管理人员做出合理的维修决策, 每经过一定的时间间隔 $\varepsilon(\varepsilon > 0)$ 就对系统所包含部件的性能变量进行一次监测。为方便讨论, 这里令 $\varepsilon = 1$。进一步假设监测需要的时间和费用可以忽略不计, 并且对部件进行监测时, 不会对部件的性能退化过程产生影响。

(8) 对每个部件都采用相同的视情替换策略。在时刻 $t_k = k\varepsilon(k = 0, 1, 2, \cdots)$, 根据传感器监测结果判断到底是让部件继续运行至时刻 t_{k+1}, 还是立即对部件实施预防性替换。

(9) 对部件实施一次预防性替换的费用为 $c_{i,\mathrm{p}}$, 由部件失效带来的损失为 $c_{i,\mathrm{f}}$。每一次替换操作(不管是预防性替换, 还是失效后替换)都会产生与系统相关的费用 c_{s}。由于部件失效会带来整个系统非计划停车, 因此生产过程会中止, 进而带来一定的生产损失。此外, 紧急订购备件和安排维修人员等也需要消耗一定的费用。因此, $c_{i,\mathrm{f}} > c_{i,\mathrm{p}} > 0$。

(10) 部件一旦发生失效就可以被立刻发现, 即该失效不是隐含的失效。

(11) 替换部件耗费的时间可以忽略不计。

根据对系统模型的描述可以发现部件之间存在经济相关性, 即当对其中某个部件实施替换时, 可以对其他仍然在使用但已经退化一定程度的部件实施预防性替换, 从而可以减少与系统相关的维修费用。例如, 对两个部件分别进行预防性维修时, 所需费用为 $2c_{\mathrm{s}} + c_{1,\mathrm{p}} + c_{2,\mathrm{p}}$。若同时对这两个部件进行预防性维修, 所需费用则为 $c_{\mathrm{s}} + c_{1,\mathrm{p}} + c_{2,\mathrm{p}}$, 较单独维修费用减少 c_{s}。由此可见, 通过对系统的部件进行合理的分组, 并对属于同一组的部件同时进行维修, 可以在一定程度上减少维修产生的费用。

一般情况下, 可以通过对无限时间段内费用率最小化来对维修活动进行最优分组。然而, 在无限时间段内对所有的维修活动进行全局分组时, 虽然在理论上可以获得最优分组方式, 但是随着部件数量的增多, 最优解的求解计算变得非常困难。决策者在决策时刻通常只能够掌握今后较短时间段内的动态信息, 而不能得到全局信息, 这就可能导致决策结果不合理。此时, 可以考虑采取滚动时域法处理该问题。该方法主要是滚动地利用今后一段时间内的局部信息对部件分组维修问题进行优化求解。目前, 该方法已经广泛应用于管理科学、控制等领域[7-11]。Wildeman 等[2]针对多部件系统提出一种 5 阶段的滚动时域方法来进行维修活动的动态分组。本章采取与之类似的方法解决受外部冲击影响的多部件系统的动态分组维修问题。

在决策时刻 t_k，选取滚动时间窗口长度为 T_w，并记需要安排在该窗口内的维修活动数量为 $m(m \geqslant n)$，其中与第 i 个部件相关的维修操作数目为 n_i，且满足 $\sum_{j=1}^{m} n_j = m$。如上所述，可以通过对 m 个维修活动进行分组减少维修所需要的费用。假设 m 个维修活动被分成 $J(1 \leqslant J \leqslant m)$ 组，记为 $\mathcal{G}_k = \{G_j, j = 1, 2, \cdots, J\}$，那么这些分组满足如下性质：

(1) $G_j \in \mathcal{G}$，其中 $\mathcal{G}$ 为 $\{1, 2, \cdots, m\}$ 所有非空子集构成的集类。

(2) $G_{j_1} \bigcap G_{j_2} = \varnothing$，$j_1 \neq j_2$，$j_1, j_2 \in \{1, 2, \cdots, J\}$。

(3) $\bigcup_{j=1}^{J} G_j = \{1, 2, \cdots, m\}$。

(4) G_j 中与任意一个部件相关的维修活动数量不超过 1。

这里将 $\mathcal{G}_k$ 称为集合 $M = \{1, 2, \cdots, m\}$ 的一个划分，将所有划分的数量记为 L。

由于在滚动时间窗口内可能对某个部件进行了多次替换，这导致在滚动时间窗口内维修活动数量满足 $m \geqslant n$。另外，若时间过短，也可能出现某个部件在滚动时间内一次都不需要进行维修的情况。此时，可以将由其余部件组成的系统看成一个单独的多部件系统，而这正是本章的研究对象。

由于对属于同一组的部件同时进行维修，因此只需要支付一次与系统相关的安装费用 c_s，从而使费用支出存在减少可能。将 t_k 时刻因按照分组 $\mathcal{G}_k^l(l = 1, 2, \cdots, L)$ 进行维修而节省的成本记为 $C_s(\mathcal{G}_k^l)$。其中，若 $C_s(\mathcal{G}_k^l)$ 为正数则表示节省费用，否则表示不但没节省费用，还增加了成本。t_k 决策时刻的最优分组为

$$\mathcal{G}_k^* = \mathcal{G}_k^{l^*} \tag{7.1}$$

其中

$$l^* = \underset{1 \leqslant l \leqslant L}{\arg\max} \, C_s(\mathcal{G}_k^l) \tag{7.2}$$

在对式(7.1)进行求解时，需要事先确定时间窗口长度 T_w、单个部件对应的最优替换时间及最优维修时间的改变对维修费用的影响等。因此，下面首先对单个部件的性能退化过程和视情替换策略进行简要的研究。

7.3 单部件性能退化模型和最优替换时间

根据 7.2 节的模型描述易知，单个部件的内在性能退化过程 $\{X_i(t), t \geqslant 0\}$ 具有如下特性：

(1) $X_i(0) = 0$。

(2) $X_i(t, t+h) = X_i(t+h) - X_i(t) \sim \mathrm{Ga}(\alpha_i h, \beta_i)$。

(3) 独立增量过程。

因此，部件 i 的性能退化过程 $\{X_i(t), t \geqslant 0\}$ 是参数为 α_i 和 β_i 的伽马过程，其增量 $X_i(t, t+h)$ 的概率密度函数为

$$f(x) = \frac{\beta_i^{-\alpha_i h}}{\Gamma(\alpha_i h)} x^{\alpha_i h - 1} \exp\left(-\frac{x}{\beta_i}\right) I_{(0,\infty)}(x) \tag{7.3}$$

其中，伽马函数 $\Gamma(a) = \int_0^\infty u^{a-1} \exp(-u)\mathrm{d}u$，$a > 0$；$I_A(x)$ 为示性函数，当 $x \in A$ 时，有 $I_A(x) = 1$，否则 $I_A(x) = 0$。

考虑外部冲击的影响，部件 i 在时刻 t 的性能退化量为

$$Z_i(t) = X_i(t) + Y_i(t) \tag{7.4}$$

其中，$Y_i(t)$ 为部件 i 在 $[0, t]$ 内由外部冲击引起的性能退化过程的增量，即 $Y_i(t) = N_i(t)Y_i$。

若观察得到的性能退化过程在其年龄为 $a_{i,c}$ 时的退化值为 $z_{i,a_{i,c}}$，那么根据对部件失效事件的定义，可以得到部件 i 在 $a_{i,c} + t$ 时刻的可靠性为

$$
\begin{aligned}
& R_i(t \,|\, a_{i,c}, z_{i,a_{i,c}}) \\
&= \Pr\{T_{i,r} \geqslant t \,|\, a_{i,c}, z_{i,a_{i,c}}\} \\
&= \Pr\{Z_i(a_{i,c} + t) \leqslant D_{i,\mathrm{th}} \, a_{i,c}, z_{i,a_{i,c}}\}
\end{aligned}
$$

$$= \Pr\{X_i(a_{i,c}, a_{i,c}+t) + Y_i(a_{i,c}+t) - Y_i(a_{i,c}) + z_{i,a_{i,c}} \leqslant D_{i,\text{th}}\}$$

$$= \Pr\{X_i(a_{i,c}, a_{i,c}+t) + (N_i(a_{i,c}+t) - N_i(a_{i,c}))Y_i \leqslant D_{i,\text{th}} - z_{i,a_{i,c}}\}$$

$$= \sum_{k=0}^{\infty} \Pr\{X_i(a_{i,c}, a_{i,c}+t) + kY_i \leqslant D_{i,\text{th}} - z_{i,a_{i,c}}\}$$

$$\cdot \Pr\{N_i(a_{i,c}+t) - N_i(a_{i,c}) = k\}$$

$$= \sum_{k=0}^{\infty} R_i(a_{i,c}, t, k, z_{i,\text{th}}) \frac{\left(\int_{a_{i,c}}^{a_{i,c}+t} \lambda_i(s)\mathrm{d}s\right)^k \exp\left(-\int_{a_{i,c}}^{a_{i,c}+t} \lambda_i(s)\mathrm{d}s\right)}{k!} \tag{7.5}$$

其中，$T_{i,r}$ 为部件 i 的剩余使用寿命，$k \in \mathbb{N}$。

$$R_i(a_{i,c}, t, k, z_{i,\text{th}})$$

$$= \Pr\{X_i(a_{i,c}, a_{i,c}+t) + kY_i \leqslant D_{i,\text{th}} - z_{i,a_{i,c}}\}$$

$$= \Pr\{X_i(a_{i,c}, a_{i,c}+t) + Y_i^{(k)} \leqslant D_{i,\text{th}} - z_{i,a_{i,c}}\}$$

$$= \int_0^{\infty} \Pr\{X_i(a_{i,c}, a_{i,c}+t) + Y_i^{(k)} \leqslant D_{i,\text{th}} - z_{i,a_{i,c}} | Y_i^{(k)} = y_i^{(k)}\} f_{Y_i^{(k)}}(y_i^{(k)})\mathrm{d}y_i^{(k)}$$

$$= \int_0^{\infty} \Pr\{X_i(a_{i,c}, a_{i,c}+t) \leqslant D_{i,\text{th}} - z_{i,a_{i,c}} - y_i^{(k)} | Y_i^{(k)} = y_i^{(k)}\} f_{Y_i^{(k)}}(y_i^{(k)})\mathrm{d}y_i^{(k)}$$

$$= \int_0^{D_{i,\text{th}} - z_{i,a_{i,c}} - y_i^{(k)}} \int_0^{\infty} \frac{\beta_i^{\alpha_i t}}{\Gamma(\alpha_i t)} x^{\alpha_i t-1} \exp(-\beta_i x)\mathrm{d}x \, f_{Y_i^{(k)}}(y_i^{(k)})\mathrm{d}y_i^{(k)} \tag{7.6}$$

由于 $Y_i^{(k)} = kY_i$，且 Y_i 服从参数为 α_{Y_i} 和 β_{Y_i} 的伽马分布，因此 $Y_i^{(k)} \sim$ $\mathrm{Ga}(k\alpha_{Y_i}, \beta_{Y_i})$，即 $Y_i^{(k)}$ 的概率密度函数为

$$f_{Y_i^{(k)}}(y_i^{(k)}) = \frac{\beta_{Y_i}^{-k\alpha_{Y_i}}}{\Gamma(k\alpha_{Y_i})} y_i^{(k)k\alpha_{Y_i}-1} \exp\left(-\frac{y_i^{(k)}}{\beta_{Y_i}}\right) \tag{7.7}$$

由此可得部件 i 在 $a_{i,c}+t$ 时刻的可靠性。

需要指出的是，本章表示部件年龄的变量 a_c 是对其实际年龄与采样间隔 ε 相除所得的商向下取整后得到的数值。

为了确定部件 i 的最优替换时间，需要首先获得该部件长时间运行后的期望平均费用模型，也称费用率。由于部件的替换时间忽略不计，因此可以认为整个部件替换过程为一类更新过程。根据更新过程相关理论[12,13]，期望费用率为

$$\text{期望费用率} = \frac{\text{一个更新周期内的期望维修费用}}{\text{一个更新周期的期望时间长度}} \tag{7.8}$$

其中，将连续两次替换操作相隔的时间长度称为一个更新周期。

下面对式(7.8)的分子与分母分别进行计算。假设自当前时刻 $a_{i,c}$ 起，再过 $t_{i,r}$ 个单位时间就对部件采取预防性替换操作。在这之前，一旦发现部件发生失效，就立即对其采取替换操作。因此，该部件更新周期的期望长度为

$$T_{i,r} = \int_0^{t_{i,r}} R_i(t \mid a_{i,c}, z_{i,a_{i,c}}) \mathrm{d}t \tag{7.9}$$

该更新周期内的期望费用为

$$C_{i,r} = c_s + c_{i,p} R_i(t_{i,r} \mid a_{i,c}, z_{i,a_{i,c}}) + c_{i,r}(1 - R_i(t_{i,r} \mid a_{i,c}, z_{i,a_{i,c}})) \tag{7.10}$$

然后，求解部件 i 的费用率，即

$$
\begin{aligned}
&C_i(t_{i,r} \mid a_{i,c}, z_{i,a_{i,c}}) \\
&= \frac{C_{i,r}}{T_{i,r}} \\
&= \frac{c_s + c_{i,p} R_i(t_{i,r} \mid a_{i,c}, z_{i,a_{i,c}}) + c_{i,r}(1 - R_i(t_{i,r} \mid a_{i,c}, z_{i,a_{i,c}}))}{\int_0^{t_{i,r}} R_i(t \mid a_{i,c}, z_{i,a_{i,c}}) \mathrm{d}t}
\end{aligned} \tag{7.11}
$$

因此，通过最小化(7.11)就可以获取部件 i 的最优替换时间，即

$$t_{i,r}^* = \underset{t_{i,r} > 0}{\arg\min}\, C_i(t_{i,r} \mid a_{i,c}, z_{i,a_{i,c}}) \tag{7.12}$$

显然，式(7.12)的优化目标为单变量函数，因此很容易证明解的存在性与唯一性，这里不再赘述。由于涉及的函数形式较为复杂，很难得到最优解的解析形式，因此可以通过数值方法找到其近似最优解，然后将最优替换时间 $t_{i,r}^*$ 代入式(7.11)即可得到单位时间内的损失 $g_i^* = C_i(t_{i,r}^* \mid a_{i,c}, z_{i,a_{i,c}})$。令 $a_{i,c}$ 和 $z_{i,a_{i,c}}$ 都为 0，将得到的最佳替换时间记为 θ_i^*，并将对应的单位时间内的损失记为 η^*。

图 7.1(a)给出部件 i 刚投入运行后(即 $a_{i,c} = 0$，$z_{i,a_{i,c}} = 0$)在受到外部冲击和未受外部冲击影响两种情况下的性能退化曲线。其中，外部冲击引起的退化水平增量如图 7.1(b)所示。退化过程 $\{X_i(t), t \leqslant 0\}$ 的参数为 $\alpha_i = 0.2$、$\beta_i = 2$、失效阈值 $D_{i,th} = 30$。外部冲击过程的强度函数为 $\lambda_i(t) = \alpha_s \beta_s (\alpha_s t)^{\beta_s - 1}$，

其中 $\alpha_s = 0.2$，$\beta_s = 1.2$。与外部冲击引起的性能退化水平增量相关参数为 $\alpha_{Y_i} = 0.5$、$\beta_{Y_i} = 1.2$。维修相关的参数设置如下：预防性维修费用为 $c_p = 50$，失效后维修费用为 $c_r = 500$，与系统相关的费用为 $c_s = 20$。

图 7.2 给出有/无外部冲击时单个部件失效概率变化曲线。从该图可以看出，外部冲击可以在一定程度上加大部件的失效概率。

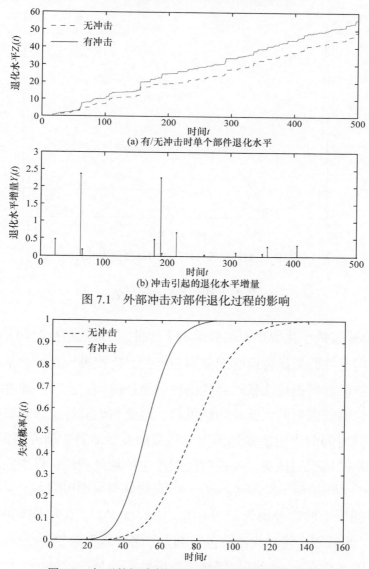

图 7.1　外部冲击对部件退化过程的影响

图 7.2　有/无外部冲击时单个部件失效概率变化曲线

　　图 7.3 给出费用率随部件替换时间变化的曲线。显然，我们可以很容易地找到曲线上与最小费用率相对应的点(如图中圆圈所示)，也就找到了近似最优的部件替换时间。这里，最佳替换时间为 $t_{i,\mathrm{r}}^{*}=30\mathrm{s}$，单位时间内的最小费用为 $g_i^{*}=2.7293$。

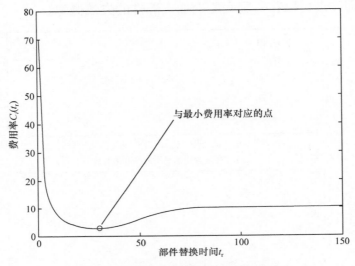

图 7.3　费用率随部件替换时间变化的曲线

7.4　惩　罚　函　数

　　7.3 节通过最小化费用率函数确定了部件 i 的最优替换时间 $t_{i,\mathrm{r}}^{*}$。通常情况下，不同部件的最优替换时间是不相等的，这就导致在对多部件系统进行分组维修时需要提前或推迟某些部件的维修时间。由于并非在这些部件的最优维修时间点对其实施预防性维修，因此与该部件维修相关的费用可能随着维修时间的提前或推迟而发生相应的改变。首先研究将部件 i 的首次最佳维修时机推迟或提前一段时间后产生的额外费用。设当前决策时刻为 t_k，即部件 i 的当前年龄为 $a_{i,\mathrm{c}}=t_k$，性能变量的观测值为 $z_{i,a_{i,\mathrm{c}}}$，那么将改变维修时间带来的额外损失记为 $h_i(t_i^1+\Delta|a_{i,\mathrm{c}},z_{i,a_{i,\mathrm{c}}})$，$\Delta$ 为需要提前或延后的时间，t_i^1 为计划实施首次维修的时间。考虑可能将部件的维修时间推迟，因此有可能出现在 $t_k+t_{i,\mathrm{r}}^{*}$ 时刻仍然未对部件实施替换的情形。此后，该部

件的替换时间即当前时刻 t_k，满足

$$t_i^1 = \max\{t_k, a_i^*\} \tag{7.13}$$

其中，a_i^* 为系统无故障运行至最优替换时间时的年龄。

这里，称 $h_i(t_i^1 + \Delta \,|\, a_{i,c}, z_{i,a_{i,c}})$ 为惩罚函数。为了给出惩罚函数的表达形式，首先在 Markov 决策过程框架下描述部件 i 的最优替换问题。当部件 i 仍然处于运行状态时，选用其年龄作为 Markov 决策过程的状态，即 $s_i = 0, 1, 2, \cdots, m_i$，其中 s_i 表示该过程的状态，m_i 为部件 i 的最大寿命；当部件 i 已经失效时，$s_i = m_i + 1$。因此，该 Markov 过程的状态空间为 $S = \{0, 1, 2, \cdots, m_i, m_i + 1\}$。若部件 i 的当前年龄为 $a_{i,c}$，性能退化值为 $z_{i,a_{i,c}}$，那么在不对部件进行任何人工干预的情况下，其状态转移概率为

$$\begin{aligned}
& p_i^{s_i, s_i+1} \\
&= \Pr\{T_i \geqslant (s_i+1)\varepsilon \,|\, T_i \geqslant s_i \varepsilon, a_{i,c}, z_{i,a_{i,c}}\} \\
&= \frac{\Pr\{T_i \geqslant (s_i+1)\varepsilon \,|\, a_{i,c}, z_{i,a_{i,c}}\}}{\Pr\{T_i \geqslant s_i \varepsilon \,|\, a_{i,c}, z_{i,a_{i,c}}\}} \\
&= \frac{\Pr\{T_{i,r} \geqslant (s_i+1-a_{i,c})\varepsilon \,|\, a_{i,c}, z_{i,a_{i,c}}\}}{\Pr\{T_{i,r} \geqslant (s_i-a_{i,c})\varepsilon \,|\, a_{i,c}, z_{i,a_{i,c}}\}} \\
&= \frac{R_i((s_i+1-a_{i,c})\varepsilon \,|\, a_{i,c}, z_{i,a_{i,c}})}{R_i((s_i-a_{i,c})\varepsilon \,|\, a_{i,c}, z_{i,a_{i,c}})}
\end{aligned} \tag{7.14}$$

将式(7.5)代入式(7.14)就可以得到转移概率值。

在每个决策时刻，管理人员根据当前决策时刻与最优替换时间的比较结果从下面两种操作中选取一种：让部件继续运行和对部件实施替换。也就是说，在决策时刻的行动 $a_i \in \mathcal{A} = \{1, 2\}$，其中 $\mathcal{A}$ 表示行动空间，"1" 表示让部件继续运行，"2" 表示对部件实施替换。与状态 s_i 对应的操作根据如下规则确定，即

$$a_i(s_i) = \begin{cases} 1, & s_i < a_{i,c} + t_r^* \\ 2, & s_i \geqslant a_{i,c} + t_r^* \end{cases} \tag{7.15}$$

以 $u_i(s_i)$ 表示部件 i 处于状态 s_i 时的相对值函数，那么根据 Markov 决

策过程相关理论[14]可得

$$u_i(s_i) = \begin{cases} p_i^{s_i,s_i+1}u_i(s_i+1) + p_i^{s_i,m_i+1}u_i(m_i+1) - g_i^*, & s_i = 0,1,2,\cdots,t_{i,r}^*-1 \\ c_s + c_{i,p} + u_i(0), & s_i = t_{i,r}^*, t_{i,r+1}^*, \cdots, m_i \\ c_s + c_{i,f} + u_i(0), & s_i = m_i+1 \end{cases} \tag{7.16}$$

下面利用相对值函数推导将最优替换时间改变 Δ 个单位时间后的惩罚函数 $h_i(t_i^1 + \Delta | a_{i,c}, z_{i,a_{i,c}})$。假设当前时刻为 t_k，部件 i 无故障运行至替换时刻时的年龄为 a_i。由于部件 i 的替换时间可能会被推迟，因此可能存在该类型部件至替换时刻的年龄 a_i 大于 $a_{i,c} + t_{i,r}^*$ 的情形。

下面按改变的时间间隔 $\Delta \geqslant 0$ 和 $\Delta < 0$ 两种情况来讨论，这里 $\Delta \in 0 \cup \mathbb{N}$。为方便计算，令 $p_i^{a_i} = p_i^{a_i,a_i+1}$、$q_i^{a_i} = 1 - p_i^{a_i,a_i+1}$，其中 $p_i^{a_i}$ 表示部件 i 在状态为 a_i 时无故障运行至下一时刻的概率，$q_i^{a_i}$ 为下一时刻失效的概率。

当 $\Delta \geqslant 0$ 时，有

$$\begin{aligned} &h_i(t_i^1 + \Delta | a_{i,c}, z_{i,a_{i,c}}) \\ = \ & p_i^{a_i}(u_i(a_i+1) - u_i(a_i) - \varepsilon g_i^*) \\ & + q_i^{a_i}(u_i(m_i+1) - u_i(a_i) - \varepsilon g_i^*) \\ & + p_i^{a_i}p_i^{a_i+1}(u_i(a_i+2) - u_i(a_i+1) - \varepsilon g_i^*) \\ & + p_i^{a_i}q_i^{a_i+1}(u_i(m_i+1) - u_i(a_i+1) - \varepsilon g_i^*) \\ & + \cdots + p_i^{a_i}\cdots p_i^{a_i+\Delta-2}p_i^{a_i+\Delta-1}(u_i(a_i+\Delta) - u_i(a_i+\Delta-1) - \varepsilon g_i^*) \\ & + p_i^{a_i}\cdots p_i^{a_i+\Delta-2}q_i^{a_i+\Delta-1}(u_i(m_i+1) - u_i(a_i+\Delta-1) - \varepsilon g_i^*) \end{aligned} \tag{7.17}$$

其中，$u_i(a_i+j) - u_i(a_i+j-1)(j=1,2,\cdots,\Delta)$ 表示 Markov 决策过程分别从状态 a_i+j 与 a_i+j-1 出发时总报酬的相对差，也就是让部件继续运行带来的损失；εg_i^* 为节省的费用；$u_i(a_i+j) - u_i(a_i+j-1) - \varepsilon g_i^*$ 为最终的额外支出期望费用。

整理可得

$$h_i(t_i^1 + \Delta | a_{i,c}, z_{i,a_{i,c}}) = \sum_{j=a_i}^{a_i+\Delta-1}(q_i^j b_i - \varepsilon g_i^*)\prod_{l=a_i}^{j-1} p_i^l, \quad \Delta \geqslant 0 \tag{7.18}$$

其中，$b_i = c_{i,f} - c_{i,p}$。

同理，当 $\varDelta < 0$ 时可得

$$h_i(t_i^1 + \varDelta \,|\, a_{i,\mathrm{c}}, z_{i,a_{i,\mathrm{c}}}) = \sum_{j=a_i+\varDelta}^{a_i-1} (\varepsilon g_i^* - q_i^j b_i) \prod_{l=a_i+\varDelta}^{j-1} p_i^l \tag{7.19}$$

约定当 $j_1 > j_2$ 时，$\displaystyle\sum_{j=j_1}^{j_2}(d_j)=0$，$\displaystyle\prod_{j=j_1}^{j_2}(d_j)=1$。

因此，将部件 i 的维修时机由最初确定的最佳维修时间点改变 $\varDelta$ 个单位时间后，其带来的额外费用的期望值为[2]

$$h_i(t_i^1 + \varDelta \,|\, a_{i,\mathrm{c}}, z_{i,a_{i,\mathrm{c}}}) = \begin{cases} \displaystyle\sum_{j=a_i}^{a_i+\varDelta-1} (q_i^j b_i - \varepsilon g_i^*) \prod_{l=a_i}^{j-1} p_i^l, & \varDelta \geqslant 0 \\[4mm] \displaystyle\sum_{j=a_i+\varDelta}^{a_i-1} (\varepsilon g_i^* - q_i^j b_i) \prod_{l=a_i+\varDelta}^{j-1} p_i^l, & \varDelta < 0 \end{cases} \tag{7.20}$$

图 7.4 给出了改变首次维修时间所带来的惩罚损失与提前或推迟 $\varDelta$ 之间的关系(详细参数请参考 7.3 节)可以看出，在最佳维修时间点，部件 i 的惩罚损失为 0，也就是在最优维修时间点对部件进行维修，不会产生额外的损失。

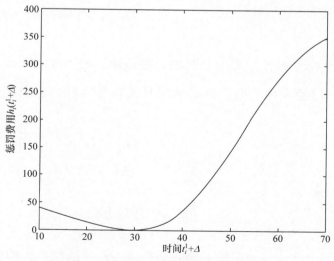

图 7.4　惩罚费用随时间间隔 $\varDelta$ 变化曲线

式(7.20)为推迟或提前部件 i 的第一次维修时机产生的惩罚性损失，正如前面指出，在一个时间窗口内可能需要对某个部件实施多次替换，因此有

必要给出改变部件 i 第 v 次维修时机的惩罚函数。首先，给出变量的标记。这里，以 t_k 表示当前决策时刻，t_i^v 表示部件 i 第 v 次维修的时机，那么有

$$t_i^v = t_i^1 + (v-1)\theta_i^* \tag{7.21}$$

其中，$t_i^v \leqslant \max_{i=1,2,\cdots,n} t_{i,r}^*$，$2 \leqslant v \leqslant V_i$，$V_i$ 为部件 i 在时间窗口 T_w 内维修活动的数目，且满足 $\sum_{i=1}^{n} V_i = m$。

时间窗口 T_w 定义为

$$T_w = [t_k, \max_i t_i^{V_i}] \tag{7.22}$$

那么，改变部件 i 的第 v 次 $(v \geqslant 2)$ 维修带来的额外期望损失为[15]

$$h_i(t_i^v + \Delta \,|\, a_{i,c}, z_{i,a_{i,c}}) = \begin{cases} \infty, & \Delta \cdot \varepsilon \leqslant -(v-1)\theta_i^* \\ \displaystyle\sum_{j=a_i+\Delta}^{a_i-1} (\varepsilon\eta_i^* - Q_i^j b_i) \prod_{l=a_i+\Delta}^{j-1} P_i^l, & -(v-1)\theta_i^* < \Delta \cdot \varepsilon < 0 \\ 0, & \Delta = 0 \\ \displaystyle\sum_{j=a_i}^{a_i+\Delta-1} (Q_i^j b_i - \varepsilon\eta_i^*) \prod_{l=a_i}^{j-1} P_i^l, & \Delta > 0 \end{cases}$$

$$\tag{7.23}$$

其中，P_i^j 表示 $a_{i,c}$ 和 $z_{i,a_{i,c}}$ 都为 0 时的转移概率；$Q_i^j = 1 - P_i^j$。

若部件 i 已经发生失效，则必须对其实施替换操作，因此惩罚函数可以定义为

$$h_i(t_k + \Delta \,|\, a_{i,c}, z_{i,a_{i,c}}) = \begin{cases} 0, & \Delta = 0 \\ \infty, & \Delta > 0 \end{cases} \tag{7.24}$$

7.5 联 合 更 换

由于对每个部件单独实施更换时会产生一定量的与系统相关的费用，且该费用对每个部件来说都是相同的，因此通过对几个部件联合更换使减少维修费用存在可能。本节着重讨论如何安排时间窗口 T_w 内的维修活动使维修费用降到最低。

假设当前时刻为 t_k，部件 i 的年龄为 $a_{i,c}$，性能退化测量值为 $z_{i,a_{i,c}}$。若对属于分组 G_j 的部件实施联合替换，则产生的总惩罚费用为

$$H_{G_j}(t_{G_j}^* \mid a, z) = H_{G_j}^*(a, z) = \min_t \sum_{i \in G_j} h_i(t \mid a_{i,c}, z_{i,a_{i,c}}) \tag{7.25}$$

其中，$a = [a_{1,c}, a_{2,c}, \cdots, a_{n,c}]^\mathrm{T}$；$z = [z_{1,a_{1,c}}, z_{1,a_{2,c}}, \cdots, z_{n,a_{n,c}}]^\mathrm{T}$。在不引起混淆时，我们将 $H_{G_j}^*(a, z)$ 记为 $H_{G_j}^*$。

对组合 G_j 中的部件进行联合更换时，节省的总费用为

$$S^*(G_j \mid a, z) = (\mid G_j \mid -1)c_\mathrm{s} - \sum_{i \in G_j} h_i(t_{G_j}^* \mid a_{i,c}, z_{i,a_{i,c}}) \tag{7.26}$$

其中，$\mid G_j \mid$ 表示部件集合 G_j 中包含元素的数目。若式(7.26)大于零，则称该组合节约了费用。

根据以上结果可以获得决策时刻为 t_k 时采用集类 $\mathcal{G}_k^l (l = 1, 2, \cdots, L)$ 表示的分组方式进行维修时节约的成本为

$$C_\mathrm{s}(\mathcal{G}_k^l \mid a, z) = \sum_{j=1}^{J_l} \left[(\mid G_{l,j} \mid -1)c_\mathrm{s} - \sum_{i \in G_{l,j}} h_i(t_{G_{l,j}}^* \mid a_{i,c}, z_{i,a_{i,c}}) \right] \tag{7.27}$$

其中，$\mathcal{G}_k^l = \{G_{l,j}, j = 1, 2, \cdots, J_l\}$。

将式(7.27)代入式(7.2)就可以得到优化目标函数，即

$$l^* = \arg\max_{1 \leqslant l \leqslant L} \sum_{j=1}^{J_l} \left[(\mid G_{l,j} \mid -1)c_\mathrm{s} - \sum_{i \in G_{l,j}} h_i(t_{G_{l,j}}^* \mid a_{i,c}, z_{i,a_{i,c}}) \right] \tag{7.28}$$

这里，与 l^* 对应的集类 $\mathcal{G}_k^{l^*}$ 即最佳的分组。

为了对式(7.28)进行优化求解，首先需要确定 L，也就是满足 7.2 节所提性质的所有集类的数目。这本质上是一个集合划分问题，很多文献对该问题进行了研究[16]。Wildeman 等[2]研究基于年龄更换策略的多部件系统的分组维修问题，并给出几个降低问题求解规模的定理。虽然本章研究的问题与其不同，但是采用了相似的技术路线，因此降低问题求解规模的定理仍然适用于本章研究的问题。

针对部件 i 的每一次维修时间 t_i^ν 确定一个与之对应的时间段，即

$$I_{i,v} = [t_i^v + \delta_{i,v}^-, t_i^v + \delta_{i,v}^+] \tag{7.29}$$

其中，$1 \leqslant v \leqslant V_i$，且有 $\sum\limits_{i=1}^{n} V_i = m$；$\delta_{i,v}^+$ 和 $\delta_{i,v}^-$ 分别为 $h_i(t_i^1 + \Delta \mid a_{i,c}, z_{i,a_{i,c}}) - c_s = 0$ 的最大解和最小解。

Wildeman 等在文献[2]中只给出了与首次维修时间相对应的时间段 $I_{i,1}(i=1,2,\cdots,n)$ 的相关性质。我们在 Wildeman 工作的基础上给出时间段 $I_{i,v}(v > 1)$ 的性质。为方便讨论，将所有部件的维修操作的计划实施时间按照从小到大的顺序重新排列，并记为 t_l'，$l = 1,2,\cdots,m$。也就是说，当 $l_1 \leqslant l_2$ 时，有 $t_{l_1}' \leqslant t_{l_2}'$。经过重新排列，$t_i^v$ 在新序列中的位置记为 $l(t_i^v)$，将与 l 对应的部件序号及其维修次序记为 i_l 和 v_{i_l}。

定理 7.1 若时间段 I_{i,v_i} 和 I_{j,v_j} 不存在重合，即 $I_{i,v_i} \bigcap I_{j,v_j} = \varnothing$，$i \neq j$，则对部件 i 的第 v_i 次维修操作和部件 j 的第 v_j 次维修操作同时实施并不会节省维修费用，即 $S^*(\{l(t_i^{v_i}), l(t_j^{v_j})\} \mid a, z) < 0$，其中 $1 \leqslant v_i \leqslant V_i$，$1 \leqslant v_j \leqslant V_j$，$i,j = 1,2,\cdots,n$。

证明：假设时间段 I_{i,v_i} 和 I_{j,v_j} 不存在重合，不失一般性，设 t 位于区间 I_{i,v_i} 外，那么有

$$h_i(t \mid a_{i,c}, z_{i,a_{i,c}}) - c_s > 0 \tag{7.30}$$

进一步，考虑对任意不属于区间 I_{i,v_i} 的 t 都有 $h_j(t) \geqslant 0$，因此

$$c_s - h_i(t \mid a_{i,c}, z_{i,a_{i,c}}) - h_j(t \mid a_{j,c}, z_{j,a_{j,c}}) < 0 \tag{7.31}$$

根据式(7.25)和式(7.26)可得

$$\begin{aligned}
&S^*(\{l(t_i^{v_i}), l(t_j^{v_j})\} \mid a_{i,c}, z_{i,a_{i,c}}) \\
&= c_s - h_i(t_{\{l(t_i^{v_i}), l(t_j^{v_j})\}}^* \mid a_{i,c}, z_{i,a_{i,c}}) - h_j(t_{\{l(t_i^{v_i}), l(t_j^{v_j})\}}^* \mid a_{j,c}, z_{j,a_{j,c}}) \\
&< 0
\end{aligned} \tag{7.32}$$

该定理得证。

定理 7.2 对于集合 $G \in \mathcal{G}$，若有 $\bigcap_{l \in G}(I_{i_l,v_{i_l}}) = \varnothing$，则 G 和包含 G 的集合都不可能是最优的分组。

证明：由于 $\bigcap_{l \in G}(I_{i_l,v_{i_l}}) = \varnothing$，因此 t_G^* 至少会落在其中某一个区间之外。

不失一般性，假设落在区间 $I_{i_j,v_{i_j}}$ 外，那么有

$$h_j(t_G^* \mid a_{i,c}, z_{j,a_{j,c}}) - c_s > 0 \tag{7.33}$$

将集合 G 分解成 $\{j\}$ 和 $G\backslash\{j\}$。由式(7.25)可得 $H_{\{j\}}^* = 0$，因此有

$$
\begin{aligned}
&S^*(G\backslash\{j\} \mid a,z) + S^*(\{j\} \mid a,z) \\
&> S^*(G\backslash\{j\} \mid a,z) + c_s - h_j(t_G^* \mid a_{j,c}, z_{j,a_{j,c}}) \\
&= \sum_{w \in G\backslash\{j\}} h_w(t_{G\backslash\{j\}}^* \mid a,z) + c_s - h_j(t_G^* \mid a_{j,c}, z_{j,a_{j,c}}) \\
&= (\mid G_j \mid -1)c_s - \sum_{w \in G} h_w(t_G^* \mid a,z) \\
&= S^*(G \mid a,z)
\end{aligned}
\tag{7.34}
$$

由此可知，将集合分成 $\{j\}$ 和 $G\backslash\{j\}$ 两个子集后，节约的费用比对按集合 G 确定的方案进行维修更多。证毕。

在此基础上，可以设计出相应的算法对式(7.28)进行优化求解。Wildeman 等[2]研究了当 $V_i = 1(i=1,2,\cdots,n)$ 时的优化算法，此时 $m=n$。首先对惩罚函数 $h_i(t_i^1 + \Delta \mid a_c, z_{i,a_c})$ 定义以下性质。

(1) 对称性，$h_i(t_i^1 + \Delta \mid a_{i,c}, z_{i,a_{i,c}}) = h_i(t_i^1 - \Delta \mid a_{i,c}, z_{i,a_{i,c}})$。

(2) 一致性，$\tau_i h_i(\cdot \mid a_{i,c}, z_{i,a_{i,c}}) = h_1(\cdot \mid a_{i,c}, z_{i_1,a_{i,c}})$，其中 $\tau_i > 0$，$i=2,3,\cdots,n$。

(3) 支配性，$h_{i_l}(t_{l+1}' + \Delta \mid a_{i_l,c}, z_{i_l,a_{i_l,c}}) > h_{i_{l+1}}(t_{l+1}' + \Delta \mid a_{i_{l+1},c}, z_{i_{l+1},a_{i_{l+1},c}})$，$l=1,2,\cdots,n-1$，$\Delta > 0$，并且 $h_{i_l}(t_{l-1}' - \Delta \mid a_{i_l,c}, z_{i_l,a_{i_l,c}}) > h_{i_{l-1}}(t_{l-1}' - \Delta \mid a_{i_{l-1},c}, z_{i_{l-1},a_{i_{l-1},c}})$，$l=2,3,\cdots,n$，$\Delta < 0$。

如果通过证明能够确定惩罚函数至少满足以上三个性质中的某一个性质，那么就可以利用动态规划算法求解，从而使时间复杂度由 $O(2^n)$ 降到 $O(n^2)$。

但是，本章考虑在时间窗口内可能对部件 i 实施多次维修的情况，这导致该动态规划算法所需要的条件并不满足，导致其不能用来优化求解最优分组。针对该情况，本章在定理 7.1 和定理 7.2 的基础上，给出一种基于集合划分问题的动态分组算法对式(7.28)进行优化。下面首先给出所有可能成为最优分组一部分的候选集合生成算法(算法 7.1)。这里，将这类集合称为候选集合。

算法 7.1　候选集合生成算法

1. 先根据式(7.12)获得每个部件的最优替换时间, 再根据式(7.22)得到时间窗口区间, 并确定 m。生成所有只包括一个元素的集合, 并将其记为 $\mathcal{L}_1 = \{\{1\}, \{2\}, \cdots, \{m\}\}$。

2. 假设当前已经生成所有由 $k-1$ 个元素组成的集合, 根据定理 7.1 和定理 7.2, 以及不能对一个部件同时进行两次维修的实际情况进行筛选, 并将最终的结果记为 $\mathcal{L}_{k-1}$, 其元素个数为 L_{k-1}。通过下面的步骤构建 $\mathcal{L}_k$。

    (1) 选取 $\mathcal{L}_{k-1}$ 中的集合 $A = \{i_1, i_2, \cdots, i_{k-1}\}$, 并令 $l = k$, $\mathcal{L}_k = \varnothing$。

    (2) 将 $i_l > i_{k-1}$ 与 A 合并组成新的集合 $A' = \{i_1, i_2, \cdots, i_{k-1}, i_l\}$。

    (3) 如果 $I_A \bigcap I_{\{i_l\}} = \varnothing$, 那么令 $l = l+1$, 返回步骤(2), 否则继续进行。这里, $I_A = \bigcap\limits_{s \in A} I_{i_s, v_{i_s}}$。

    (4) 检查 $\{i_2, i_3, \cdots, i_{k-1}, i_l\}$ 是否在 $\mathcal{L}_{k-1}$ 中。若不在, 则令 $l = l+1$, 返回到步骤(2), 否则, 运行步骤(5)。

    (5) 根据式(7.27)计算总的节约费用 $S^*(A' \mid a, z)$ 及对应的 $t_{A'}^*$。若 $S^*(A' \mid a, z) < S^*(A \mid a, z)$, 则将 $\mathcal{L}_k$ 更新为 $\mathcal{L}_k = \mathcal{L}_k \bigcup \{A'\}$; 否则, 令 $l = l+1$, 返回步骤(2)。

    (6) 如果 $l < m-k+1$, 那么令 $l = l+1$, 返回步骤(2); 否则, 运行步骤(7)。

    (7) 如果已经遍历 $\mathcal{L}_{k-1}$ 中的所有 L_{k-1} 个集合, 那么就获得 $\mathcal{L}_k$, 然后运行步骤 3, 否则返回步骤(2)。

3. 如果 $k < m$, 那么返回步骤 2; 否则, 停止运行。

通过该算法可以得到所有可能为最优分组一部分的候选集合, 记为 $\mathcal{P} = \{P_1, P_2, \cdots, P_K\}$。在候选集合生成算法中, 已经获得对 $P_k (k = 1, 2, \cdots, K)$ 中的部件同时实施维修的最优时间 $t_{P_k}^*$ 和与之对应的最少损失 $c_{P_k}^* = -G^*(P_k \mid a, z)$。令 $c = [c_{P_1}^*, c_{P_2}^*, \cdots, c_{P_K}^*]^{\mathrm{T}}$, $B = [b_{l,k}]_{m \times K}$, 其中当 $l \in P_k$ 时有 $b_{l,k} = 1$, 否则 $b_{l,k} = 0$。于是, 最优分组问题就转化为 0-1 型整数规划问题, 即

$$\min c'x \quad \text{s.t.} \quad Bx = 1_m \tag{7.35}$$

其中，x 中元素 x_j 为 0 或 1；1_m 为元素都是 1 的列向量。

式(7.35)为典型的 0-1 整数规划问题，可以利用分支定界法、隐枚举法、蒙特卡罗法等方法进行优化求解。具体可以参考文献[17]和[18]中给出的算法进行优化求解。

7.6　数 值 仿 真

这里考虑一个由 $n = 6$ 个部件组成的多部件系统动态分组维护问题。部件退化过程相关参数如表 7.1 所示。与系统相关的拆装费用为 $c_s = 20$。通常情况下，这些部件都处于同一个环境中，所受的冲击过程相同，因此假设每个部件所受冲击过程的参数相同。其强度函数形式为

$$\lambda_i(t) = \alpha_s \beta_s (\alpha_s t)^{\beta_s - 1}, \quad i = 1, 2, \cdots, n$$

其中，$\alpha_s = 0.3$；$\beta_s = 1.2$。

表 7.1　部件退化过程相关参数

i	α_i	β_i	α_{Y_i}	β_{Y_i}	$D_{i,\text{th}}$	$c_{i,\text{p}}$	$c_{i,\text{r}}$	m_i
1	0.5	2	0.5	1.2	35	50	500	149
2	1	1.5	0.5	1.2	48	50	500	149
3	1	1	0.5	1.2	40	50	500	149
4	0.5	1.5	0.5	1.2	40	50	500	149
5	0.2	2	0.5	1.2	30	50	500	149
6	0.3	1	0.5	1.2	30	50	500	149

利用算法 7.1 和集合划分算法可以得到最优分组。具体结果如表 7.2～表 7.4 所示。

表 7.2　不同 t_k 时刻的优化结果

i	$t_k = 0$				$t_k = 1$				$t_k = 2$			
	$a_{i,c}$	$z_{i,a_{i,s}}$	g_i^*	$t_{i,r}^*$	$a_{i,c}$	$z_{i,a_{i,s}}$	g_i^*	$t_{i,r}^*$	$a_{i,c}$	$z_{i,a_{i,s}}$	g_i^*	$t_{i,r}^*$
1	0	0	4.908	17	1	0.9	5.0583	16	2	2.1	5.3013	15
2	0	0	4.3247	18	1	0.6	4.4013	18	2	1.5	4.4935	17
3	0	0	3.6499	21	1	0.9	3.7563	20	2	1.9	3.8669	20

续表

i	$t_k=0$				$t_k=1$				$t_k=2$			
	$a_{i,c}$	$z_{i,a_{i,z}}$	g_i^*	$t_{i,r}^*$	$a_{i,c}$	$z_{i,a_{i,z}}$	g_i^*	$t_{i,r}^*$	$a_{i,c}$	$z_{i,a_{i,z}}$	g_i^*	$t_{i,r}^*$
4	0	0	3.173	25	1	0.2	3.1927	24	2	1.2	3.2885	24
5	0	0	2.6452	30	1	0.1	2.6539	30	2	3.1	2.9596	27
6	0	0	2.1069	37	1	0.1	2.1142	37	2	2.1	2.2634	34

表 7.3 对 $t_i^{v_i}$ 重新排序后所得结果 ($t_k=0$)

m	1	2	3	4	5	6	7	8
(i,v_i)	(1,1)	(2,1)	(3,1)	(4,1)	(5,1)	(1,2)	(2,2)	(6,1)
$t_i^{v_i}$	17	18	21	25	30	34	36	37

表 7.4 不同 t_k 时刻的最优分组与总节省费用

当前时刻	最优分组	总节省费用
$t_k=0$	$\{\{1,2,3,4,5\},\{6,7,8\}\}$	62.2820
$t_k=1$	$\{\{1,2,3,4\},\{5,6,7,8\}\}$	61.3347
$t_k=2$	$\{\{1,2,3\},\{4,5,6,7\}\}$	52.5816

当 $t_k=0$ 时，首先根据式(7.13)和式(7.21)得到每次替换操作的计划时间 $t_i^{v_i}$，然后对其进行重新排列，结果如表 7.3 所示。接着，根据式(7.22)得到时间窗口区间为 $T_w=[0,37]$，此时 $m=8$。

如表 7.4 所示，决策结果随着时间和外界动态环境的变化而变化，因此，决策的结果更合理。

7.7 本 章 小 结

本章研究了存在经济依赖关系的多部件系统在受到外部随机环境影响下的动态分组视情维修问题。在假设外部随机环境对系统的影响可由冲击过程刻画的基础上，给出单个部件的性能退化模型及最佳替换时机。然后，研究维修时间被提前或推迟所导致的惩罚费用函数，进而推导出与分组方式相对应的给定时间长度内总节省费用函数，并对其进行优化求解，实现最优的动态分组视情维修。为了提高计算效率，本章对总节省费用函数进行研究，并得到有用的定理。仿真结果表明了求解算法的有效性。

参 考 文 献

[1] Nicolai R, Dekker R. Optimal maintenance of multi-component systems: a review[J]. Complex System Maintenance Handbook, 2008: 263-286.

[2] Wildeman R, Dekker R, Smit A. A dynamic policy for grouping maintenance activities[J]. European Journal of Operational Research, 1997, 99(3): 530-551.

[3] Bouvard K, Artus S, Berenguer C, et al. Condition-based dynamic maintenance operations planning and grouping. application to commercial heavy vehicles[J]. Reliability Engineering and System Safety, 2011, 96(6): 601-610.

[4] Liao H, Elsayed E, Chan L. Maintenance of continuously monitored degrading systems[J]. European Journal of Operational Research, 2006, 175(2): 821-835.

[5] Huynh K, Barros A, Berenguer C, et al. A periodic inspection and replacement policy for systems subject to competing failure modes due to degradation and traumatic events[J]. Reliability Engineering and System Safety, 2011, 96(4): 497-508.

[6] van Noortwijk J. A survey of the application of Gamma processes in maintenance[J]. Reliability Engineering and System Safety, 2009, 94(1): 2-21.

[7] 陈虹, 邹卫平, 孙鹏远. 连续搅拌反应釜浓度的滚动时域估计[J]. 系统仿真学报, 2001, 13(8): 37-40.

[8] 李秀改, 高东杰. 混杂系统滚动时域状态反馈预测控制研究与实现[J]. 自动化学报, 2004, 30(4): 567-571.

[9] 王冰, 席裕庚, 谷寒雨. 一类单机动态调度问题的改进滚动时域方法[J]. 控制与决策, 2005, 20(3): 257-265.

[10] 钱斌, 王凌, 黄德先, 等. 动态零等待流水线调度问题的滚动策略及优化算法[J]. 控制与决策, 2009, 24(4): 481-487.

[11] Lian Z, Liu L, Zhu S. Rolling-horizon replenishment: policies and performance analysis[J]. Naval Research Logistics, 2010, 57(6): 489-502.

[12] 林元烈. 应用随机过程[M]. 北京: 清华大学出版社, 2002.

[13] Barlow R, Proschan F. Mathematical Theory of Reliability[M]. New York: Wiley & Sons, 1965.

[14] Puterman M. Markov Decision Processes: Discrete Stochastic Dynamic Programming[M]. New York: Wiley, 1994.

[15] Bouvard K, Artus S, Berenguer C, et al. Condition-based dynamic maintenance operations planning and grouping. Application to commercial heavy vehicles[J]. Reliability Engineering and System Safety, 2011, 96(6): 601-610.

[16] Dekkert R, Smit A, Losekoot J. Combining maintenance activities in an operational planning phase: a set-partitioning approach[J]. IMA Journal of Mathematics Applied in Business and Industry, 1992, 3(4): 315-331.

[17] Hillier F, Lieberman G. 运筹学导论[M]. 胡运权, 译. 北京: 清华大学出版社, 2010.

[18] Sysąo M, Deo N, Kowalik J. Discrete Optimization Algorithms: with Pascal Programs[M]. New Jersey: Prentice-Hall, 2006.